于 晓 编著

人生的精彩,
在于坚定
的信念

煤炭工业出版社
·北京·

图书在版编目（CIP）数据

人生的精彩，在于坚定的信念/于晓编著． －－北京：煤炭工业出版社，2019（2022.1 重印）
ISBN 978－7－5020－7343－5

Ⅰ．①人… Ⅱ．①于… Ⅲ．①成功心理—通俗读物 Ⅳ．①B848.4-49

中国版本图书馆 CIP 数据核字（2019）第 054833 号

人生的精彩，在于坚定的信念

编　　著	于　晓
责任编辑	马明仁
编　　辑	郭浩亮
封面设计	浩　天

出版发行	煤炭工业出版社（北京市朝阳区芍药居 35 号　100029）
电　　话	010－84657898（总编室）　010－84657880（读者服务部）
网　　址	www.cciph.com.cn
印　　刷	三河市众誉天成印务有限公司
经　　销	全国新华书店
开　　本	880mm×1230mm $^1\!/_{32}$　印张　$7^1\!/_2$　字数　150 千字
版　　次	2019 年 7 月第 1 版　2022 年 1 月第 3 次印刷
社内编号	20180635　　　　定价　38.80 元

版权所有　违者必究

本书如有缺页、倒页、脱页等质量问题，本社负责调换，电话:010－84657880

前言

　　成功需要多种能力、品质和资源,不过,首要的一条是,我们要明白自己究竟是做一个成功者,还是一个失败者。如果我们要做一个成功者,需要具备什么样的品质?需要遵循什么样的规律?如果你想成功,就需要明白,无论面对何种情况,都不能只在意一时一事取得了成功或遭到了失败,而要思考如何对待自己的成功和失败、在遭受挫折时表现出什么样的姿态。

　　无论过去如何看待自己,现在都还有改变的机会、方法与能力,可以使自己变得更美好。造物主给我们的所有礼物中,能够选择自己的人生方向,应该是最大的恩赐了。只要我们立志做一个成功者,做一个最伟大的人,最好的事情就会发生在我们的身上。所以说,我们要想自己杰出,就必须把自己变成最好的人。

　　来吧,每一位想成功的人士,行动起来,赶快翻开本书!它可以帮助你快速成功,相信自己,你是最棒的!

　　此书就是要让大家了解决定的力量,只要焕发无限的潜

人生的精彩，在于坚定的信念

能，那么活力、热情、快乐都将为你所有。你此刻就可以作出决定，须臾之间改变人生——改变一个习惯、掌握一项技能、待人接物得体、致电多年未联络的人，也许你联络的人就能助你一臂之力，也许你现在下的决心，就能让你好好感受和培养你需要的积极情绪。你内心想要感受更多愉悦、更多趣味、更多自信和更多宁静吗？你能发挥已经存在于内心的力量吗？做个好决定，你就能为成长和快乐寻找到崭新、积极且有力量的方向。

从现在开始激发你的潜在力量吧，奋斗从什么时候开始都不晚。从开始到完成的过程中，一直观察着它。做你一直想做的事情，在你的思维之中让它们变为现实。感知、体验、相信它们，尤其是在你可能睡着的那一刻，它们很容易进入你的潜意识之中，长久地这样下去，你将会很快实现自己的理想，因为你把潜意识发挥到了极致，也把蕴藏在身上的无穷力量发挥了出来。

目 录

|第一章|

信念重如磐石

信念重如磐石 / / 3

信心就是力量 / 5

信心创造奇迹 / 9

信心产生快乐 / 14

告诉世界你能行 / 19

去做你害怕的事 / 25

人之所以"能"是因为相信"能" / 29

相信自己能创造奇迹 / 34

不真正地接纳自己就无法成功 / 44

你是你自己的救世主 / 53

人生的精彩，在于坚定的信念

|第二章|

坚守信念

信念的力量 / 6l

信念是成功的火种 / 64

信念缔造奇迹 / / 69

信念决定命运 / / 73

改变世界从自信开始 / / 77

信念是驱使命运的车轮 / / 83

拥有自己的信念 / / 88

坚守自己的信念 / / 96

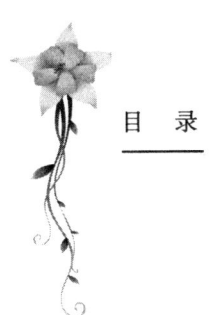

目 录

|第三章|

成功是点滴的积累

每个人都要不断地奋斗 / / 107

有付出就有收获 / / 114

坚持，再坚持 / 119

成功在于点滴的努力 / / 124

奋斗是为了自己 / 130

不断奋斗就能成功 / 134

人生的精彩，在于坚定的信念

|第四章|

一切皆有可能

一切皆有可能 / 143

不放弃就有机会 / 148

相信自己是最棒的 / 152

没有什么不可能 / 155

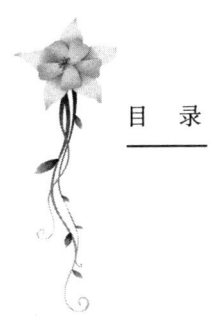

目 录

|第五章|

保持一颗平常心

保持一颗平常心 / 161

正确地衡量得失 / 167

把忧虑清出你的头脑 / 172

克服浮躁心理 / 178

把心理压力变成前进的动力 / 184

激励自己可以战胜苦难 / 188

放下抱怨 / 192

好心态可以改变残酷的现实 / 197

人生的精彩，在于坚定的信念

|第六章|

冒险与机遇并存

冒险是成功的前提 / 205

不去冒险是最大的危险 / 211

敢于冒险 / 220

第一章

信念重如磐石

第一章　信念重如磐石

信念重如磐石

在坎坷的人生路上是什么一直支持我们勇敢地走下去？是什么让我们在面对种种不幸和艰难时有力量走过那道坎？是信念，唯有信念。信念是我们心中永恒的支柱，它像天上的星星一样指引我们跨过伤痛，走向阳光。信念让我们的意志坚定，让我们英勇无畏，心无旁骛。

只要信念的种子还在，希望就在。信念更是一种生活态度，一种积极向上、诚信乐观的态度。

所以，生活中时常会碰到这样或那样的困难，我们一定要坚守住自己的信念，不要被困难吓倒。俗话说，守得云开

见月明。在乌云密布的夜晚,只要我们有着对明月的渴望和抱着明月总会出来的信念,静静地等待,往往最终都会等到明月普照大地的美丽瞬间。

说起信念,其实并不深奥,就是相信自己,相信胜利,相信自己所确定的目标。

因为信念,我们相信一切都会好起来,面包会有的。

对事业怀有信念,相信自己,乃是获得成功不可或缺的前提。当然其他因素也非常重要,但最基本的条件,是激励自己达到所希望的目标的积极态度。

威廉·詹姆斯说:"不可畏惧人生。要相信人生是有价值的。这样才会拥有值得我们活下去的人生。"

怀有信念的人是了不起的。他们遇事不畏缩,也不恐惧,稍感不安,最后也都能自我超越。他们永远带着一定能够解决问题的自信去面对。他们都有一个神奇的座右铭——"信念"。

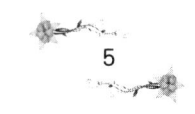

第一章 信念重如磐石

信心就是力量

如果说拥有信心不一定取得成功，那么，丧失信心注定你会失败。有很多杰出的伟大人物，他们一路向前，好像有胜利追随着他们，无论他们走到哪里，他们都能获得成功。这些好像是一切事物的主人、一切行动的发号施令者，他们能够征服一切。那么，他们为什么能够取得如此成绩呢？这源于他们的自信。在他们眼里，他们是自信的，他们应该为生存而竞争，为荣誉去获取成功，这一切对他们来说仿佛都十分容易；他们能做到改变并控制自己的环境。他们也知道：自己是无所不能的人物之一，他们做任何工作都举重若轻，他们知道如何去处理一切事物，解决任何问题。他们永

人生的精彩，在于坚定的信念

远乐观，从不犹豫，从不恐惧未来；他们只知道任何事情到了自己手里，一定要做成功，一定要做得尽善尽美。他们仿佛感觉到世界上的伟大事业都得由他们来做，这种坚强有力的人做起事来，从不瞻前顾后，从不迟疑不决。当事业路途上遇到任何困难障碍时，他们也决不后退，总能自信靠着他们的卓越才能可以奋力越过它们。

欧洲有一位著名的网球运动员，在国内的比赛中所向披靡。他有一次代表国家队参加世界锦标赛，她心理压力很大，在临赛前的一天晚上，她违反队规，独自一人外出，队里不知其去向，不得不派人到处找她。

在比赛中，对方的运动员，以前从未赢过她。开始她连赢两局，第三局对方赶上几分后，她的信心开始动摇了，结果连输三局。外电评论：该运动员不是输在技术上，而是输在信心上。

反观我国优秀乒乓球运动员蔡振华，在国内比赛很少能进入前三名，但对国外选手却从没输过，被誉为乒坛魔术师。他的技术算不上顶尖，之所以能取胜，在于他那种高昂的斗志和顽强的精神。在比赛中他总喜欢用挥舞着拳头给

第一章 信念重如磐石

自己鼓劲。每发一个球，他就要用力跺一下脚；每打一个好球，他就要绕场跑几圈。在对瑞典运动员林德的比赛中，比分已经落后至15∶20，还轮到林德发球。这时他站在球台的一端，用手指着林德的鼻子，狠狠地看着林德。这种无形的精神压力，使林德顿时紧张起来，结果反而以20比22输掉了该局。

像蔡振华这种人，总是相信自己才华过人、精明干练，一切胜利无不在自己的掌握之中。他们也相信自己的精神不败、勇气永存，手里的任何事情总能做得十全十美。这正如罗伯森说："相信就是强大，怀疑只会抑制能力，而信仰却是力量。"只要你认准了目标，相信自己能行，并且坚持到底，信心就会转化成力量，创造出奇迹。如果你对你从事的事情半信半疑，你会一事无成。

所以，我们应该尽可能地给自己灌输一种观念：相信自己获得成功的能力。你可以把孩子们比喻成一棵树，告诉他们：大自然产生了他们，都希望他们将来能够成就一番事业，能够成长为一棵世界上最伟大的树；你要让孩子们相信：大自然赋予他们的内在力量是足以建功立业的。每一个人都想要获得一些最美好的事物。没有人喜欢巴结别人，过

平庸的生活。也没有人喜欢自己被迫进入某种情况。

最实用的成功经验,可以这样说:"坚定不移的信心能够移山。"可是真正相信自己能移山的人并不多,结果,真正做到"移山"的人也不多。

拿破仑·希尔说:"只要有信心,你就能移动一座山。只要相信你能成功,你就会赢得成功。"

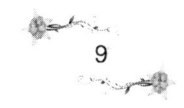

第一章　信念重如磐石

信心创造奇迹

坚强的自信是我们走向成功的源泉，成功源自不断进取。只要我们充满信心，就能走向成功，因为一切的成功取决于我们坚定的自信力。相信能做成的事，一定能够成功。反之，不相信能做成的事，那就决不会成功。

是不是我们具备了信心，就具有了能够克服一切困难的威力了呢？事实不是这样，有一些人在面对困难和挫折的时候，他们会越挫越勇。他们不会去责备外界环境给他们造成的障碍，他们只会苛求自己更进步，做得更好。同样，也存在着这样一些人，他们非常在意外在的环境，非常在意别人对他们的看法，结果他就走向了失败。其实困难都是客观

的、均等的。每个人所处的条件都是一样的，大家拼的绝对不是运气，而是信心。

蒙塔佩尔曾经说过："如果你的思维方式是积极的，那么你的生活环境也会是积极的。同理，如果你相信自己可以做到，那么你就一定能做到。以积极乐观的心态面对问题，有了明确的目标之后，加上必胜的信念，那么，成功舍我其谁。"

著名企业家迈克尔在从商以前，曾是一家酒店的服务生，干的是替客人搬行李、擦车的活儿。有一天，一辆豪华的劳斯莱斯轿车停在酒店门口，车主人吩咐一声："把车洗洗。"迈克尔那时刚刚中学毕业，还没有见过世面，从未见过这么漂亮的车子，不免有几分惊喜。他边洗边欣赏这辆车，擦完后，忍不住拉开车门，想上去感受一番。这时，正巧领班走了出来，"你在干什么？"领班训斥道，"你不知道自己的身份和位置？你这种人一辈子也不配坐劳斯莱斯！"受辱的迈克尔从此发誓："这一辈子我不但要坐上劳斯莱斯，还要拥有自己的劳斯莱斯！" 迈克尔的决心是如此强烈，以至于这成了他人生的奋斗目标。经过多年的努力奋斗之后，当他事业有成时，果然买了一部劳斯莱斯轿车！

第一章 信念重如磐石

所以，只要我们拥有"我确实能做到"的态度，那就能够达到自己的目的。如果迈克尔也像那个领班一样认定自己贫穷的命运，那么，他就不可能走向成功，也许到现在还在替人擦车、搬行李，最多做一个领班。只要你相信自己能做到一切，你就产生了能力、技巧与精力这些必备条件，每当你相信"我能做到"时，自然就会想出"如何去做"的方法。

我们身边总有这样一些人，他们不思进取，凡事听天由命，过着一种庸庸碌碌的生活，这是多么的可悲。他们为什么会这样？因为他们缺少了信心。信心是成功的秘诀。拿破仑曾经说过："我成功，是因为我志在成功。"如果没有这个目标，拿破仑就没有想战胜敌人的决心与信心，当然胜利也就与他无缘。

美国著名哲学家、演说家、牧师、心灵安慰作家罗曼·V.皮尔在他出版的《态度决定一切》中曾提出："信念能开拓胜利之路。"在此，我和大家一起分享这本书里的一个故事：

"丧家之犬"——有一天我走在香港九龙弯弯曲曲的路上，这个极其颓废的句子引起了我的注意。这个句子放在一家文身店的玻璃橱内，好像是文身的样本。橱窗里还

人生的精彩，在于坚定的信念

有旗帜、美人鱼等常见的图样。

我受到很大的冲击，就走进去问：

"真会有人来文'丧家之犬'这样的字句吗？"

"是的，偶尔会有。"店主拍着自己的头，用不流利的英语补充说，"可是，文在身上以前会先文在脑子里。"

一旦认为自己毫无能力，生来就如丧家之犬，在精神方面就已经是个落败者。因此，为了避免失败更应该怀有信念。

"我是与生俱来的胜利者！"要这样充满信心地激励自己。要成为胜利者就必须有坚定的信念。胜利者毫无例外都是满怀信心之人，而失败者往往缺乏信念。

怀有信念的人又是怎样的人？他们相信什么呢？他们相信神、人生与将来，也相信自己的丈夫、妻子、孩子，已有的工作、国家与自己。这样说，有人会反驳说："我相信神，但不相信自己。"

"不相信自己怎能算是相信神？你是神创造的。"我回答道。

然后我告诉他，我在纽约波林一家药店看到一张海报，画的是一个挺立的少年，旁边写着几行字："我相信自己，

第一章　信念重如磐石

创造我的是神，我不可能是无用之人。"

有信念的人绝不会埋怨自己际遇不佳，也不会抱怨受到不公平待遇，不会在牢骚中度过彷徨的人生。他们会面对困难说："我是神创造的，不论发生什么事都不会失败。"

我相信你我都是为了成为胜利者才被创造出来的，是为了成为一个大人物而存在的，绝不是为了做一个卑微的人物而被赋予生命的。

要克服懦弱心理成为大人物，就必须怀有信念。

罗曼·V.皮尔的这个故事激励了很多人，他也使我们看到，信心不仅能使一个白手起家的人成为巨富，也会使一个演员在风云变幻的舞台上大获成功，美国第四十届总统罗纳德·里根就是有幸掌握这个诀窍的人物。总之，只要我们胸怀信念，信念就能给我们的生活带来意想不到的巨大惊喜。

人生的精彩，在于坚定的信念

信心产生快乐

我的一位朋友曾经对我说："有方向感的信心，可令我们每一个意念都充满力量。当我们拥有强大的自信心去推动成功的车轮时，就可平步青云，无止境地攀上成功之岭。而所有的一切，都取决于我们是否拥有一颗积极乐观的心。"

这么多年来，我经常看到有些人在这样的环境中，他们无论遇到什么问题都能克服和解决，圆满地调和折中，愉快地生活下去。虽然有时候他们也会遇到无法顺利解决的可怕问题，但对于他们来说，这都是无关紧要的，因为在他们看来，只要他们胸怀信念，这些困难就没有什么大不了的，他们对任何问题，永远带着一定能够解决的自信去面对。

第一章　信念重如磐石

杨小小曾是一家餐厅的经理，他总是有好心情，当别人问他最近过得如何，他总是有好消息可以说。

当他换工作的时候，许多服务生都跟着他从这家餐厅换到另一家。为什么呢？因为杨小小是个激励者。如果有某位员工今天运气不好，杨小小总是适时地告诉那位员工往好的方面想。

看到这样的情景真的让人很好奇，所以有一天有人到杨小小那里问他："没有人能够像你那样老是积极乐观，你是怎么办到的？"

杨小小回答："每天早上起来我就告诉自己，我今天有两种选择，我可以选择好心情，或者选择坏心情。我总是选择好心情，即使有不好的事发生，我可以选择做个受害者，或是选择从中学习，我总是选择从中学习。每当有人跑来跟我抱怨，我可以选择接受抱怨或者指出他生命的光明面，我总是选择生命的光明面。"

"但并不是每件事都那么容易啊！"那人抗议地说。

"的确如此，"杨小小说，"生命就是一连串的选择，每个状况都是一个选择，你可以选择如何响应，可以选择人

人生的精彩，在于坚定的信念

们如何影响你的心情，可以选择处于好心情或是坏心情，你还可以选择如何过你的生活。"

数年后，听到杨小小意外地做了一件：

有一天他忘记关上餐厅的后门，结果早上三个武装歹徒闯入抢劫，他们威胁杨小小打开保险箱，由于过度紧张，杨小小弄错了一个号码，造成劫匪的惊慌，开枪射击杨小小。很幸运，杨小小很快地被邻居发现，被紧急送到医院抢救，经过18个小时的外科手术和精心照顾，杨小小终于出院了，但还有块弹皮留在他体内……

事件发生六个月之后，朋友遇到杨小小，问他最近怎么样，他回答："我很幸运了，要看看我的伤痕吗？"

那个朋友婉拒了，但问他当劫匪闯入的时候他的心理状态，杨小小答道："我第一件想到的事情是我应该锁后门的，当他们击中我之后，我躺在地板上，还记得我有两个选择：我可以选择生，或者是选择死。最后我选择了活下去。"

"你不害怕吗？"朋友问他。

第一章　信念重如磐石

　　杨小小继续说："医护人员真了不起,他们一直告诉我'没事,放心'。但是当他们将我推入紧急手术间的路上,我看到医生跟护士脸上忧虑的神情,我真的被吓倒了,他们的眼里好像写着我已经是个死人了,我知道我需要采取行动。"

　　"当时你做了什么?"

　　杨小小说:"嗯!当时有个高大的护士用吼叫的音量问我一个问题:她问我是否会对什么东西过敏。我回答:'有。'这时医生跟护士都停下来等待我的回答。我深深地吸了一口气喊着:'子弹!'

　　这时医生和护士都在笑,脸上的忧虑神情都渐渐消失了,听他们笑完之后,我告诉他们:'我现在选择活下去,请把我当作一个活生生的人来开刀,而不是一个活死人。'"

　　杨小小能活下去当然要归功于医生的精湛医术,但同时也由于他令人惊异的态度。从他身上我们可学到,每天你都能选择享受你的生命,或是憎恨它。这是唯一一件真正属于你的权利,没有人能够控制或夺去的东西就是你的态度。如

人生的精彩，在于坚定的信念

果你能时时注意这个事实，你生命中的其他事情都会变得容易许多。

　　杨小小的故事给我们的启示就好像狐狸不会因为自己只有一个洞可以栖身而烦恼；松鼠不会因为担心储藏的硬果只够吃一个冬天，而不是两个冬天焦虑而死；狗也不会因为没储藏足够的骨头养老而彻夜失眠。不杞人忧天，相信自己，活在当下，这样的信心能够产生快乐，让生活不再单调。

第一章 信念重如磐石

告诉世界你能行

大自然赋予我们每个人巨大的潜能，等待我们去发现、去开发。一位著名作家曾经说过："人人都是天才。所以我们要相信：没有什么人是没有天赋的，那些认为自己没有天赋的人只不过是还没有发现自己的潜力。"

一个人如果没有自信，便不会成功。一个人能够获得巨大的成功，首先是因为他拥有自信。有人说，自信的人依靠自己的力量实现目标。如果一个年轻人对自己将来赚钱致富都没有一点儿信心，那么他就不可能致富，最后他就会成为穷光蛋。这就是说，一个自卑的人，只有凭借侥幸才能成功。如果一个还在就读某所学校的人总是大谈特谈自己不可

能上大学，那么，结果就是他名落孙山，永远也不能圆自己的大学梦。同样，如果一个失业者总是否认自己能找到工作，并总是说"我真没用"，那么，他怎么可能得到他梦寐以求的好职位呢？自信者的失败是一种命运的悲壮，自卑者的成功则是一种命运的悲哀。前者虽辱犹荣，后者虽荣犹辱。这就像曾经有几个决心要成为律师、医生或商人的年轻人，但是，其意志极为脆弱，他们的决心也不坚强，一遇到困难便目瞪口呆，便沮丧气馁。在他们准备大干一场之前，往往就因为意志不坚而偃旗息鼓了。这些年轻人的想法好像总是在不断地变化，最终也未能成就梦想。

在一个非常寒冷的冬天的早晨，有一个中年男子急匆匆地到西安某旅社来找赵小蔓，他要赵小蔓带他到35里外的一个小镇去演讲。当赵小蔓坐上他的车时，他就启动了汽车，并开始在滑溜溜的路面上疾驰。赵小蔓见此情景，告诉他时间很充裕，不妨慢慢来。

那个中年男子回答道："别为车速担忧。以前我自己也充满各种不安全感，可是我已经克服了。当时我什么都怕：我怕搭汽车，也怕搭飞机，家人如果不在，我总要担心到他

第一章　信念重如磐石

们回来为止。我老是觉得一定会出什么事，生活得紧张兮兮。那时的我满怀自卑，缺乏信心。这种心态使得我的事业不太成功。后来我学会了一个了不起的方法，就是将所有不安全感一扫而空。现在我活得充满信心，不只对自己如此，对生命的一切也大致如此。"

当那位中年男子谈到这里的时候，他用手指着仪表板上的两个夹子，并伸手从一个小盒子里拿出一叠小卡片，从中选了一张，并递给赵小蔓看，赵小蔓从他手里接过来看了看卡片，只见上面写着："古往今来，许多人之所以失败，究其原因，不是因为无能，而是因为不自信。自信，使不可能成为可能，使可能成为现实。不自信，使可能变成不可能，使不可能成为毫无希望。"赵小蔓看了看背面，只见背面写着："只要有种子般大小的信心……没有什么事是不可能的。"就这样，在赵小蔓看完之后，他又从盒子里抽出来了另一张给赵小蔓，赵小蔓接过来一看，只见这张的正面写着："一分自信，一分成功；十分自信，十分成功。"在卡片的背面同样写着："只要我们自信长存，谁能阻挡我们

呢？"

他解释说："我是个推销员，每天的工作就是开车拜访顾客。我发现开车的时候脑中会闪过各种念头。假如是消极的念头，当然对我不利，我以前就是那样。我驾车时老想着恐惧和失败，结果销售就做不好。自从我使用了这些卡片，并不断背诵上面的箴言，使我能够用另一种方式来思考。你猜结果如何？结果是往日萦绕心头的不安全感都神奇地消失了，我不再有恐惧、失败和无能等念头，反而拥有了克服一切困难的信心和勇气。这个方法使我整个人都变了。我这样做，实在是对我的业务有很大的帮助，所以我要对你说，如果心中老是想着我卖不出去任何东西，又怎能取得销售的成功呢？"

一个总是怀疑自己能否取得成功的人，他如何能够取得成功呢？一个对自己都不自信的人，他怎么能战胜自我呢？如果一个人连自我都不能战胜，那么，他是难以成就大事的。看看那些欲成就大事的人，他们的自信就好像指引人生的灯塔：任何事情观念必须先行，要织网首先必须有图案，同样，理想总是走在行动的前面。我们总是面向着信心所指的方向。正是

第一章　信念重如磐石

我们相信"我能行"的观念使得我们成就斐然。

八佰伴的和田一夫曾经说过："没有信念支持的人，没有自信，不能坚定意志，所以一事无成，失败而又痛苦地过一生。"和田一夫认为他的亲身经历可以证明一个真理，这个真理就是：任何人都拥有着追求幸福和财富的权利，只要他拥有了执着的信念、坚定的信心，他就可以成为一个富翁。

一个人只要具备坚强的自信，就能做出惊人的事业来。事实如此，历史上最伟大的人物丘吉尔就是因为有了自信，才使他走向了成功。而那些拥有出众的才干却没有成功的人，即使他们具备优良的天赋、高尚的性格，但由于他们胆怯和意志不坚定，结果也难以成就伟大的事业。

丘吉尔出生于爱尔兰，七岁的时候，他入学读书，直到中学毕业，他的学习成绩一直不好，正因如此，老师认为他低能、迟钝，不会有太大的出息。可是，老师的判断错误了，丘吉尔不在乎别人对他说什么，他对自己充满信心，刻苦学习英文，又到印度从军，并利用那段时间阅读各种书籍。经过磨炼，丘吉尔最后终于成为一个优秀的成功者，他掌握了4万个英语单词，成为掌握英语单词最多的人。后来，

他被任命为英国首相,率领英国人民参加伟大的反法西斯战争。

是什么促使丘吉尔走向成功的呢?在他就职发表演讲时,他说:"我没有别的,只有热血、辛劳、眼泪和汗水贡献给你们。"这就是丘吉尔向我们所展示的自信的力量。

每一个成功者的心中都潜藏着一股巨大的能量,自信就是人生成功的催化剂,它能够使你排除困难,增强成功的力量,从而释放出巨大的能量和智慧,而自卑则像一个幽灵一样,时时游荡在你的心底,会使你对自己认识不足,期望太低,不敢相信自己的能力,抑制了你的正常发挥。试看,有哪一个成功者不是充满自信呢?又有哪一个成功者是自卑的呢?在成功道路上飞奔的每个人,都有挫折打不败的信心。所以,你要相信你自己,你是不惧怕任何困难与挫折的,因为你知道你能够战胜它们。自信自己有能力,你就有能力;相信自己成功,你就会成功。所以,用行动证明给那些怀疑你能力的人,告诉他们你能行!

第一章　信念重如磐石

去做你害怕的事

一个人的自信与不断取得的胜利具有很大的关系，不自信同样与所遭受的挫折有关。当你不自信的时候，你难以做好什么，当你什么也做不好时，你就更加不自信，这是一种恶性循环。若想从这种恶性循环中解脱出来，重建自信心，你不妨先从最有把握做好的事情做起。我们知道，一个人在走向成功的道路上，不仅时时受到外界的压力，还时时受到自身的挑战。当自身的阻挡成为自己最大的"敌人"时，我们就要调整自己的心态，就要敢于做自己的对手，敢于战胜自己。只有这样，当我们在不断取得成功的时候，我们的自信心才能逐步重新建立。

人生的精彩，在于坚定的信念

　　那么，我们真能做点什么帮助自己渡过难关吗？答案是YES。如果我们自己帮助自己走出人生低潮，最有效的方法就是建立自信，而建立自信的方法有下面几种。

　　一是语言暗示。我们常常说："言出必行。"这句的原意是指自己会信守诺言，也就是说过的话一定会办到。从另一个角度看，语言的确有促使自己行动的力量，也就是暗示的力量。如果你常常说"我不行""我办不到""不可能"，久而久之，你就可能真的什么事情都办不到了。但是如果你常常说"我相信自己""我喜欢自己""我最有力量"，久而久之，你就能够办到一些原本办不成的事情。因为你的语言在左右你的行动，肯定的语言会增加你行动的力量，否定的语言会削弱你行动的力量。因此你可以常常对自己说："我相信自己""我喜欢自己""我最有力量""我最棒""我要负责"，如果可能的话，你将这些语言尽量大声喊出来。几声过后，你就会感到神清气爽，胸中充满了力量。这就是为什么行军打仗之前，将帅都会带领大家宣誓；对阵冲锋之时，都会大声喊叫杀敌。

　　二是角色假定。青少年时，人们都会有一些偶像。我们知道，有些孩子会经常模仿他们的偶像，并且模仿得惟妙惟

第一章　信念重如磐石

肖，这是因为他们在不断地做角色假定。可见这些偶像对孩子的潜移默化作用是多么巨大。人们常说"榜样的力量是无穷的"就是这个道理。为此，你可以应用这个方法，通过阅读你所在行业中的最优秀人士的传记，你就能够不断地提升自己。

三是相信自己的潜能。人的潜能是十分巨大的，在危难之际或者紧迫之时，人的潜能就可以爆发出来。"人类体内蕴藏着无穷能量，当人类全部使用这些能量的时候，将无所不能。"曾有人这样说："世间无人知晓人体内到底蕴藏着多少能量，但是即使所知的那些，对于最专注的人类行为观察家们来说也是不可胜数。这些能量的相当一大部分都是超乎寻常的，退一步说，起码有一部分不同凡响，就使人们具有无止境的力量和潜能。那么，试想一下，当人能够发动全部能量的时候，一切将会是怎样？"

如果我们分析一下那些成就伟业的人物，我们就会发现，这些人物最明显最杰出的品质便是自信。他们绝对相信自己有能力取得事业的成功，他们始终不渝地对生活充满信心，他们干任何事情都充满信心。在他们身上所体现的信心就像汽车的发动机一样，能够给你前进的动力，能够帮你走

出坎坷、摆脱困境。没有信心，一个人就会因挫折而陷入悲观痛苦的泥沼，不能自拔。拥有自信的人，他们谈起话来信心十足，他们相信自己能完成他所从事的事业。他们认为，如果自己没有坚强的自信心，就不可能走向成功。他们会说："当我们心中充满怀疑和忧虑时，我们决不可能给我们留下强有力的印象。一些人在他们的神情举止和气度上便表现出了必胜的信心，我们第一眼看到他们时，就会信任他们。我们相信他们的能力，因为他们展现了自己的能力。"

所以，自信的人生，是绚烂多姿的人生。一个人如果自信，成功就会离他不远了。

第一章　信念重如磐石

人之所以"能"是因为相信"能"

信念是一种指导原则和信仰，让我们明了人生的意义和方向；信念是人人可以支取，且取之不尽；信念像一张早已安置好的滤网，过滤我们所看到的世界；信念也像大脑的指挥中枢，指导着我们的行动方向。如果你相信会成功，信念就会鼓舞你达成；如果你相信会失败，信念也会让你经历失败。

要想使自己成功，除了需要让自己成为成功者的才能，最根本和最重要的是毫无倦怠地持续工作。所有获得成功的人从自己的切身感受中发现，唯有信念才能左右人的命运，因而他们只相信自己的信念。

人的潜在意识一旦完全接受自己的要求之后，他的要求便会成为创造法则的一部分，并自动地运作起来。人必须相信自己所想要相信的事。这样，就会在自己的潜意识中得到真正的印象，而自己的潜意识也会因印象的程度而适当地做出反应。

普通人认为办不成的事，若当事人确实能从潜在意识去认定可能办成，事情就会按照当事人信念的程度如何，而从潜能中流出极大的力量来。此时，即使表面看来不可能办成的事，也可能办成。

生活中常有这样的事：医生已判定某患者的病无法治愈或某人是癌症晚期，但患者却抱着"一定会好"或"我的病不像大夫说的那么严重，我会好的"这种坚强的信念，病后来真的治好了，或癌症晚期的悲惨结局根本就没有出现。这类事古今中外不胜枚举。

工作也是一样。在经济不景气的氛围中喘息奔波而最终崭露头角、获得成功的例子也不在少数。其原因就是，任凭别人怎么说"那不可能""谁也不无法成功"，而自己却坚信"我一定要做出成绩让人看看"的信念而努力拼搏所致。

人类是地球上唯一能够过着丰富内在生活的动物，我们

第一章 信念重如磐石

经常不看外在的环境怎么样，而是凭着自己的诠释，来认定自我和决定未来的行动。我们人类之所以不同于其他动物，乃是因为具有极强的改造能力，可以把任何东西或想法转换或改变成能让自己觉得快乐或有用的东西。而我们最强的能力，便是能把自己的经验结合别人的经验，创造出完全不同于任何人的方式，展现在生活的各种层面上。因而也只有人能够改变脑中的神经链，使痛苦化为快乐或快乐化为痛苦。

有一个人把自己关在笼子里绝食抗议，他为了某个理由有30天没有进食任何食物，结果还能活下来。在肉体上他所承受的痛苦非常大，然而此举却能吸引大众注意，他因而得到快乐，结果所受的痛苦便被快乐所抵消。若把范围再缩小一点，有些人之所以愿意忍受肉体的折磨，乃是因为这样能得到锻炼身体的快乐，使严格克己的磨炼转化为个人成长的满足，这也就是何以他们能长久忍受那样的痛苦，因为他们能得到所要的快乐。

我们不能随着环境的变化而起舞，因为那样就不能决定自己人生的方向，这种情况就有如一部公用电脑，任何人都可以输入乱七八糟的程序一样。我们每个人的行为，不管是

有意或无意，都受到痛苦和快乐这股力量的影响，而这个影响的来源有儿时的玩伴、自己的父母、老师、朋友、电影或电视影片中的英雄以及其他种种，不知不觉中他们对你造成了影响。有些时候可能是别人说的一句话、学校发生的一件事、比赛中的一场胜利、一次尴尬的场面或门门科目都是80分以上的成绩，这都可能对你曾造成莫大的影响，因而塑造了今天的你。我们的人生乃掌握在对于痛苦和快乐的认定上。

当你回顾过去，是否能够回想出有那一次经验所形成的神经链对你造成今日的影响？你对那次的经验赋予了什么样的意义？如果你当时未婚，你是把婚姻看成一件愉快的探险呢，还是把婚姻视为是沉重的家累？当晚上坐在餐桌上时，你把用餐视为是一次给身体加添补给的机会呢，还是把大吃一顿当成快乐的源泉？

影响我们人生的绝不是环境，也不是遭遇，而是我们持有什么样的信念。

之所以产生如此奇迹般的结果，原因有两个方面。

一是拥有绝对可能的信念，便会在心底里播下良好的种子，从心底引发良好的作用；二是那个绝对不可能的信念到达潜能后就可能产生导致失败的因素。

第一章　信念重如磐石

世上许多令人无法相信的伟大事业,却有人去完成了。究其原因,无非是那些人具有不怕艰难险阻的坚强信念,坚信自己永葆无穷的力量。

凡是想成功的人,凡是不甘于现状、渴望进取的人,都要相信自己的力量,不为各种干扰所左右,朝着既定的大目标勇往直前。

人生的精彩，在于坚定的信念

相信自己能创造奇迹

一个人的命运掌握在他自己的手中，如果一个人不管遇到任何困难和磨难都始终坚持自己的信念，不屈不挠，不断向前，那么魔鬼都无法奈何他！他可以创造自己的人生奇迹。

有这样一个人，在他19岁那年，和朋友滑雪打赌，从朋友张开的双腿间滑过去，结果发生事故，导致颈椎骨折，颈部以下全身瘫痪，从此，只得依靠轮椅生活。

还有一个人，他不仅能够驾驶汽车，驾驭轮船，而且还能驾驶飞机。在他人生第33个年头的时候，被竞选为温哥华

第一章 信念重如磐石

市议员。在他人生第45个年头的时候，又登上了温哥华市长的宝座。

还有一个人，他创建了一个又一个非营利助残团体，发明了多种助残设备，成为大家喜爱而熟知的公众人物。

大家认为这可以是一个人的人生吗？全身瘫痪却又可以自由驾驶，可以参政，可以为社会作贡献。没错，这就是一个人的人生轨迹，他就是加拿大温哥华市市长山姆·苏利文。他用自己传奇的人生经历告诉我们：人生的奇迹可以自己创造。

从一个高大健壮的正常人变成一个残疾人，在开始的岁月中，苏利文有过挣扎，有过绝望的情绪。当时他主要依靠父母和社会福利生活。为了不拖累家人，他曾想到过自杀，幸运的是，死神并不想带走他。后来，苏利文坚持离开父母，搬到了一个半公益半营利性的公寓，他的精神状况也一度十分消沉。

生活给予人磨难的同时，也会给他另一种力量。瘫痪的日子里，苏利文便拼命看书。知识给了他重新开始生活的

人生的精彩，在于坚定的信念

信心。他看到一位犹太作家呼吁他的同胞要勤于劳动的一篇文章，文章中写道："除非犹太人回到自己的土地上，学会如何工作，否则犹太人就不是一个完整的人。"苏利文想："我也要做一个完整的人，我要工作。"他对自己说："受伤前我有10亿个机会，而现在我还有5亿个，至少我的身体还在。"自此之后，苏利文开始了全新的生活。他心想："一切从头开始。没有历史，没有记忆，旧的苏利文已经死了。直到现在，我想起他的时候，总感觉他是个外人。"他不仅学着自己穿衣、穿袜，还进入西蒙·弗雷泽大学学习，刻苦攻读，成为工商管理硕士。他勇敢挑战生活，还学会了驾驶；他尽自己的努力，为残疾人服务，建立了多个非盈利助残团体，发明了多种助残设备，被加拿大政府授予民众的最高荣誉"加拿大勋章"。1993年，苏利文首次参选市议员成功。2005年苏利文又登上了市长的宝座。他的参选成功，和他努力学习广东话不无关系。因为温哥华选民中，超过三分之一都是华人选民。用苏利文自己的话说："我发现我不用周游世界了，因为世界在向我靠近。我的很多选民都讲广东话，我觉得自己很有必要学习这门语言。"苏利文认为会

第一章　信念重如磐石

说广东话带给了他很多优势："竞选时我一讲广东话,就会得到华人的掌声和鼓励。而讲英文的候选人,他再怎么声嘶力竭,观众的反应也很冷淡。我有点同情他们了。"在市长参选中,他几乎得到了所有的华人选票。

从绝望到奋起,一路走来,苏利文勇敢地和命运抗争着,他用自己的行动让天下所有知道,一个人的命运是可以自己把握的!只要你自己充满希望,勇敢向前,世界都不能够放弃你!

身体残疾了,我们还有头脑、有思想,残疾人可以和健全人一样生活、一样独立,而且可以活得更好,可以坚持很多别人无法坚持的!苏利文用坚强的意志和不懈地努力创造了人生奇迹!

不要觉得自己有生理缺陷,自己的人生就完蛋了;不要碰到人生的一点挫折,就灰心丧气,甚至退缩了。当一个人挣脱自身的限制和外在的束缚自由、大胆且充实地生活时,他自己的力量甚至会大到让他自己都吃惊。

你是这个世界上独一无二的人,不要说:"我很丑,所以我不招人喜欢!"不要说:"我失掉了双臂,所以我不能

自由生活。"不要说:"我性格内向,所以无法从事销售工作!"不要说:"我生性胆小,害怕在众人面前讲话,所以做不了演讲家!"不要说:"我很穷,所以无法拥有美好的人生!"

借口,所有的都是借口。一个人之所以不能成功,很大原因是他给自己找了诸多借口,用这些借口证明自己无法成功。然而,当一个人从内心认定自己不行,认定自己无法成功的时候,他可能真的不行,真的无法成功了。因为人的潜意识往往就像个不谙世事的孩子,你如何跟他交流,他便完全按照你的思想,你的意思去完成。

一个人外表虽然不美丽,但却可以很快乐;一个人虽然有缺陷,但他却是这个世上独一无二的,是上帝的独特创造;一个人虽然很贫穷,但他却可以创造富有的世界。当一个人认识到自己的独特价值,认识到自己的内在的巨大潜力的时候,便能冲破诸多限制,创造人生的奇迹。

从现在开始,放开你的思维,闭上眼睛,想象自己毫无限制,完全自由,任何事情都是可能的,提出你的要求:你想成为一个什么样的人?你希望要如何的人生?接下来,想象你已经成为那样的人,拥有那样的人生。随后你会接收到

第一章 信念重如磐石

越来越多你所要求和相信的事物。

现实中,人们常常不能正确估计自己的能力,觉得自己不够漂亮、不够聪明、不够有天分,因此,无法去追逐自己的美好梦想。我们也常常被他人眼中的我们蒙蔽双眼,"你不行""你根本无法完成这件事情"……放弃这些负面想法,相信你自己吧,相信你自己拥有神奇的力量。

于丹说:"一个人外在的表现与他内心的世界是相辅相成的,一个人心中有什么,他看到的就是什么。"

苏东坡有个好朋友叫佛印。一次,苏东坡去拜访他,正巧他在打坐。苏东坡便学着他的样子坐下来。

一段时间过后,苏东坡便问佛印禅师:"禅师,你睁开眼,看看我坐禅的样子怎么样?"

佛印禅师睁开眼,看了看他,不无称赞地说:"简直就是一尊佛!"

苏东坡听后非常高兴,随后,佛印禅师便随口问苏东坡:"你看我坐禅的样子怎么样呢?"

苏东坡想借此打趣他一番,便一脸坏笑地说道:"哈哈,你坐在那儿就像一堆牛粪。"

人生的精彩，在于坚定的信念

佛印禅师什么都没说，也并不生气，只是微微一笑。

在这场论禅中，苏东坡自以为赢了佛印禅师，非常得意，回家便和自己的妹妹苏小妹说起这个事情的过程。这个旷世才女听后，便对苏东坡说："哥哥，你赶紧收起你的话吧！就你这个悟性，还参禅呢？"

苏东坡不解地问道："怎么了，我明明赢了！"

苏小妹说："参禅的人讲究的是见心见性。佛印禅师的心中有佛，所以他看你就像一尊佛。而你呢，心中有粪，所以看佛印禅师才像牛粪。"

境由心生，一个人内心的想法决定了一个人的外在表现。说得更深一些，就是，思想决定人生。

同样，面对同样的情景，有的人积极乐观，有的人消极抱怨，不同的心态，决定了一个人的不同的人生走向。你有自己的选择，我也有自己的选择，我们可以选择那些令我们失望的东西，可以选择愤怒、抱怨或是苦涩，也可以选择在困境中寻找出路，继续向前，为自己的人生负责。

喜欢的心境更能让我们快乐地工作，我们搞好教育工作的前提是必须乐观。

第一章　信念重如磐石

小学语文课本里有一篇课文《天游峰扫路人》，扫路老人的乐观、开朗感染了作者，也感染了读者：

天游峰扫路人是一位精瘦的老人。他身穿一套褪色的衣服，足登一双棕色的运动鞋，正用一把竹扫帚清扫着路面。

作者问老人："如今游客多，您老工作挺累吧？"

"不累，不累，我每天早晨扫上山，傍晚扫下山，扫一程，歇一程，再把好山好水看一程。"老人说得轻轻松松，自在悠闲。

在暮色中顶天立地的天游峰，上山九百多级，下山九百多级，一上一下一千八百多级。那层层叠叠的石阶，常常使游客们气喘吁吁，大汗淋漓，甚至望而却步，半途而返。可是这位老人每天都要一级一级扫上去，再一级一级扫下来……

作者估计老人有60岁了，老人却摇摇头，伸出了七个指头，然后悠然地说："按说，我早该退休了。可我实在离不开这里：喝的是雪花泉的水，吃的是自己种的大米和青菜，呼吸的是清爽的空气，而且还有花鸟做伴，我能舍得走吗？"

人生的精彩，在于坚定的信念

作者紧紧抓住他的双手说："30年后，我再来看您！"

"30年后，我照样请您喝茶！"说罢，老人朗声大笑。笑声惊动了竹丛的一对宿鸟，它们扑棱棱地飞了起来，又悄悄地落回原处。这充满自信、豁达开朗的笑声，一直伴随我回到住地。

扫山路是那样的平凡，并且很累很枯燥，但老人却能在枯燥中读到快乐，可谓是读来千遍也不厌倦，与扫路老人相比我们能有多少人具有这种洒脱的感觉？

的确，我们的环境存在着很多问题。一是随着基础教育改革的不断推进，对教师的要求越来越高，教师必须适应新的教育思想、观念和方法，必须努力去提高自身的素质和业务水平，这会给自己带来一定的心理压力。二是现在的学生大多数是独生子女，他们缺乏学习的动力，耐挫折能力差，任性、以自我为中心、反判性强等，这给教育带来了许多不利因素，对待他们，很多老师感到力不从心，并因此而产生焦虑和失败感。三是教师之间在教学业绩、岗位聘用、晋级、评优、收入分配等方面的竞争越来越激烈，容易产生忧虑、紧张和冲突。四是现在的教育体制还存在诸多缺陷，教师没有足够的自由和空间来追求自我实现，他们较高层次的

第一章　信念重如磐石

需求无法满足，常有失落感和压抑感……但这些，就是教师们抑郁的原因吗？

有两个人透过窗子向外看，一个人看到的是混浊的污泥，而另一个看到的却是灿烂的星空。一样的是环境，不一样的只有人。

所以，我们可以化不满、牢骚为力量，这能激发你勇往直前的欲望。对于我们而言，环境不能成为逆境，甚至即使它是逆境，也要变为成功的阶梯——只要我们肩上的责任没有放下。

面对高考的失利、命运的不公我也曾抱怨过、沮丧过。但抱怨、沮丧过后，我想到的是我的工作与责任，工作至今，我始终激励自己，从不敢有半点的懈怠。

《瓦尔登湖》里有一段不朽名言："我不知道有什么比一个人能下定决心改善他的生活能力更令人振奋了。一个人，如果能满怀信心地朝他希望的境地努力进取，他一定会得到意想不到的收获。"

修炼自己的内心。我们不能改变他人，不能改变社会，但我们却可以改变自己的心态。相信自己，积极生活，冲破自我限制，奇迹真的可以有！

人生的精彩，在于坚定的信念

不真正地接纳自己就无法成功

杰克是一个有理想的青年。他喜欢创作，立志当个大作家，像山姆一样。山姆，是杰克崇拜的大作家。

杰克常常在杂志上看见山姆的名字。杰克发现山姆非常高产，并且创作风格多样化，从作品涉及的内容看，其人的知识、见识极其广博。

以山姆为偶像，杰克开始了文学创作。慢慢的，杰克也能发表作品了。杰克高兴地创作着，从趋势上看，他是进步的。

然而，写了几年后，杰克沮丧地发现：自己要想赶上

第一章　信念重如磐石

山姆简直是白日做梦。山姆酷似一台创作机器，任意翻开一册新一期的杂志，几乎都可以看见山姆的名字。杰克心想我就是每天不睡觉，也写不出来这么多的作品。另外，山姆那多样化的创作风格，可以吸引有着不同欣赏癖好的读者；而自己，仅有一种创作风格。最可怕的是，山姆犹如一个无所不知无所不晓的"万事通"，而自己，相比之下，显得懂得太少了。杰克开始怀疑自己了，怀疑自己的才气，怀疑自己的学识，怀疑自己是不是文学创作这块料，怀疑自己能否在这条路上有大发展……在种种怀疑中，杰克信心尽失。慢慢地，他远离了创作。他死心塌地做了一名运输垃圾的司机。在奔向垃圾处理场的路上，杰克老了。

这一天，老杰克到一家杂志社去运垃圾，那其实是一些滞销旧杂志。老杰克随手拾起了一册翻了翻，又看见了山姆的名字。忽然，老杰克想跟杂志社的人打听打听山姆。事实上，除了山姆的名字和他的作品，老杰克对山姆本人是一无所知的。杂志社的人笑着告诉老杰克："山姆这个人根本不存在。我们杂志社把作者姓名不详的文章，一概署名为山

姆。其他的杂志社也有这个习惯。所以，山姆的名字常常出现在杂志上。"

话未说完，老杰克已然惊得不能动弹了。原来，让他信心尽失、理想破灭、一生暗淡的竟是一个根本不存在的人！

在生活中，我们可以欣赏别人的优秀，努力向别人看齐。但是一定要摆正自己的位置，调整好自己的心态，不盲目攀比，不妄自菲薄，正确对待荣与辱、苦与乐、得与失。记住：拿自己的短处比别人的长处是愚蠢的做法，这往往是自己滋生不快乐的根源！

通向成功的道路有许多条，在不同的行业，人们取得成功所需要的才能和智慧是不一样的。

人对自己的认识并不是一种抽象的概念。它本身就带有一种情感和态度，伴有自我评价的感情，即对自己是好感还是恶意，是满意还是不满意。精神健康要求一个人对自己保持一种接纳态度，而且是一种愉快而满意地接纳自己的态度。即人对自己的一切，不但要充分地了解、正确地认识，而且还要坦然地承认，欣然地接受，不要欺骗自己、拒绝自己、更不要憎恨自己。接纳自己是一种心理状态，与客观环境、本人条件并不完全相关。有些人有生理缺陷，但很乐

第一章　信念重如磐石

观；有些人五官端正，却并不喜欢自己；有些人并不富裕，却知足常乐；有些人有钱有势，却并不觉得快意。

戴尔·卡耐基指出，成功的规律不是说只要接纳自己就能成功，而是说不接纳自己就无法成功。自卑的人虽也看到身边有许多有利条件和时机，但他总认为这些条件和时机是为别人准备的，与自己并不相干，甚至自己根本不接受这些条件和机会。因此，他们就不努力奋斗，也没有和别人竞争的勇气。自卑的人就是这样替自己设置障碍。没有一个人能越过他自己所设置的障碍。许多成功者都很欣赏这样一句话："你所以感到巨人高不可攀，只是因为自己跪着。"不信你站起来试一试，你一定能发现自己并不注定比别人矮一截。许多事情别人能做到的，自己经过努力也能做到，最重要的是接纳自己，对自己要做肯定的评价，对自己的优点和力量要有自觉。

卡耐基强调，你必须学习接受你的人性弱点，这对你非常重要。大多数的人如果冷静地考虑一下，就会知道穷人的悲惨状况。如果在狂热的日子中多想一想，你会关心邻人的问题。

许多人宽恕素昧平生者的错误和过失，但是却无情地面

对着他们自己的人性弱点。

15世纪西班牙宗教审判期间，脱凯玛特因残酷无情而在历史上留下恶名，要是你熟悉这段历史，当你在书报上看到他的名字时，你可能会生出厌恶，但是你对自己也可能像他一样残酷。

你说话因紧张而口吃，你原谅你自己吗？烤焦了面包，把只要煮3分钟的鸡蛋煮了13分钟，你原谅你自己吗？你遗失了一张10美元的钞票时，你原谅你自己吗？你有一天不如意，发脾气，你原谅你自己吗？

你必须自爱、自重。不然，与生俱来的"成功元素"将不会活动，不能达到真正满意的目标。成功和自怨自艾不可能并存，它们是敌人而非伙伴。

你早上一醒来，在床上揉眼睛时，第一件事是对你自己说："今天我必须自爱、自重。"

一个人做事情，身上的动力很重要。对于命运的主宰能力来说，人在达到一定层面或高度后，特别是获得梦想实现的满足感后，就会开始出现动力上的惰性。这个时候就需要激活，也就是我们常说的受点刺激。人生动力，无非是生存、享受、发展三种，而其中最容易使人变得懒惰的就是享

第一章 信念重如磐石

受到发展的过程。

对于一个发展者而言，过去或现在的情况并不重要，将来想要获得什么成就才最重要，除非他对未来没有设想，没有发展目标。

关于人类与其他动物的区别之处，我们过去所强调的人类会制造和使用工具，人类可以进行复杂的思维等等，这些当然都是对的。但我们人类与动物的另一个区别常常被我们所忽略，这就是：只有人类生来就被赋予设想、梦想、希望和愿望以及实现它们的伟大的能力。也就是说，人会为自己设定一个发展目标，然后去努力实现它。

你可以为自己设立一个有价值的发展目标，在实现这个目标的过程中，你可以品味挑战和拼搏的喜悦，你还可以为发现了一个新的自我而感动。这是一切生物中，唯有我们人类才拥有的一项特权。更重要的是，这一发展目标会激活我们的内在动力。

对于命运的主宰能力和程度来说，人在达到一定的发展层次之后，特别是进入了享受上的层次之后，就会开始出现动力上的"惰性"。这其实是非常正常的。因此，这个时候就需要进行"激活"，也就是刺激，强烈地刺激。要通过强烈的和有效的刺

激,达到对人们的动力调动与唤醒,消除惰性。发展目标就可以担当这个刺激物的作用。

除了发展目标的激活内在动力之外,还有其他的一些因素是我们所必须考虑的。激发人们劳动或者创造的欲望,可以使人产生强大的动力。

有人曾经做过这样一个实验:他往一个玻璃杯里放进一只跳蚤,发现跳蚤立即轻易地跳了出来。再重复几遍,结果还是一样。根据测试,跳蚤跳的高度一般可达它身体的400倍左右,所以说跳蚤可以称得上是动物界的跳高冠军。

接下来,实验者再把这只跳蚤放进杯子里,不过这次是立即同时在杯子上加一个玻璃盖,"嘣"的一声,跳蚤重重地撞在玻璃盖上。跳蚤十分困惑,但是它不会停下来,因为跳蚤的生活方式就是"跳"。一次次被撞,跳蚤开始变得聪明起来了,它开始根据盖子的高度来调整自己所跳的高度。再一阵子以后呢,发现这只跳蚤再也没有撞击到这个盖子,而是在盖子下面自由地跳动。

一天后,实验者把这个盖子拿掉,跳蚤不知道盖子已经去掉了,它还是在原来的这个高度继续地跳。

第一章　信念重如磐石

三天以后，他发现这只跳蚤还在那里跳。

一周以后发现，这只可怜的跳蚤还在这个玻璃杯里不停地跳着——其实它已经无法跳出这个玻璃杯了。

现实生活中，是否有许多人也过着这样的"跳蚤人生"？年轻时意气风发，屡屡尝试，但是往往事与愿违。屡屡失败以后，他们便开始不是抱怨这个世界的不公平，就是怀疑自己的能力；他们不是不惜一切代价去追求成功，而是一再地降低成功的标准——即使原有的一切限制已取消。就像刚才的"玻璃盖"虽然被取掉，但他们早已经被撞怕了，不敢再跳，或者已习惯了，不想再跳了。人们往往因为害怕去追求成功，而甘愿忍受失败者的生活。

人生动力的内容，就是生存、享受、发展。其中，动力最强大的是生存。因此，要激励人的动力并刺激使之加强，是必须的，越发展越需要刺激。在动力的激励上，要设法永远使之处在生存线这个层面上，永远不让他的生活享受处在稳定状态——可以享受，但就是不稳定、不保险、不安全——他就不得不努力，这种不稳定不是别的，就是一点，只要不努力就会摔下来；这种不安全也不是别的，而是职业与职位不保全，竞争是随时存在的，这样才能迫其好好工

作，否则可能出现"生存危机"，至少也是"享受危机"，竞争、诱导和回报的综合办法、系统组合，可以达到这个目的。人是一种高级动物，高级动物也是动物，动物的激励方式有相同性。有些时候，我们是自己把自己太当人了，而制造出了许多错误的理论，从而导致了人的创造力的下降。

记住：要想成功，必须激活自己的动力，消除自己的惰性。重复强调自己的目标，不要动摇和改变，更不能降低，降低就意味着失去意义。自我激励的方法，千万不要丢掉！

在自己的心里建一个加油站，直奔目的地，永不停歇。

第一章　信念重如磐石

你是你自己的救世主

　　国外电影里常出现这样的画面：当灾难降临时，主人公首先抓住胸前的十字挂像，然后不停地一边在胸前画十字，一边不停地祷告："主啊，救救我吧！"每当这个时候，我都幻想着也许救世主真的会从天而降把他救走，可是每次结局只有一种，那就是，主人公与十字挂像一同倒在血泊中，到死救世主都没有来。相信上帝的存在是一种信仰，但太过相信就会陷进被动的泥潭，当灾难降临时不采取行动而一味等待上帝的救助，任凭命运的摆布，其结果只能是任事态恶化并走向绝路。当他在呼喊上帝的时候，上帝没有听见，任凭他在死亡线上挣扎，如果他当时奋力挣脱魔爪或者采取相

应的措施,也许可以摆脱险境。

如果在遭遇危险或不幸时,把命运交与上天处理,一切相信命里注定,不再采取任何解救的行动,那么结局往往只有一种:失败。相反,如果不相信命运,而相信自己本身的力量,也许结局便是另外一种模样。

然而我们身边的很多人,有时甚至包括我们自己,都把这一生的命运交给了上帝。

上帝是根本不存在的,上帝只不过是人们给自己苦难心灵的一个慰藉,它空洞虚无,当大难来临时它毫无用处,所以,只有自己是自己的救世主,依靠任何自己本身之外的人和物都是毫无意义可言的。

世上没有什么救世主,如果说有的话,那也只有你自己。

有一个事业非常成功的人,他把全部财产投资在一种小型制造业上,由于世界大战爆发,他无法取得他的工厂所需要的原料,因此只好宣告破产。后来,他成为一名流浪汉。人生的灾难使他丧失了生存的勇气,有好几次,他都想结束自己的生命。

后来,他看到了一本名为《自信心》的书。这本书给他带来了一丝活下去的希望,他决定找到这本书的作者奥里

第一章 信念重如磐石

森·马登。

当他找到马登,说完他的故事后,马登却对他说:"我已经以极大的兴趣听完了你的故事,我希望我能对你有所帮助,但事实上,我却绝无能力帮助你。"

他的脸立刻变得苍白。他低下头,喃喃地说道:"这下子完蛋了。"

马登停了几秒钟,然后说道:"虽然我没有办法帮助你,但我可以介绍你去见一个人,他可以协助你东山再起。"

刚说完这几句话,流浪汉立刻跳了起来,抓住马登的手,说道:"看在上帝的分儿上,请带我去见这个人。"

于是马登把他带到一面高大的镜子面前,用手指着镜子说:"我介绍的就是这个人。在这个世界上,只有这个人能够使你东山再起。除非坐下来,彻底认识这个人,否则,你只能跳到密歇根湖里。因为在你对这个人作充分的认识之前,对于你自己或这个世界来说,你都将是个没有任何价值的废物。"

他朝着镜子向前走几步,看到镜中的自己是如此的憔悴、如此的狼狈,他用手摸摸长满胡须的脸,不敢相信这就是

人生的精彩，在于坚定的信念

从前那个意气风发的自己，他禁不住低下头，开始哭泣起来。

几天后，马登在街上碰见了这个人，几乎认不出来了。他的步伐轻快有力，头抬得高高的，他从头到脚打扮一新，看来是很成功的样子。

"那一天我离开你的办公室时，还只是个流浪汉。是你让我在镜子中找到了失落的自己。现在我找到了一份年薪3000美元的工作。我的老板先预支一部分钱给家人。我现在又走上成功之路了。"

生活中，有不少人面对激烈的竞争，常显现出措手不及的惊恐状，面对生活中的种种挫折和困难始终觉得自己是一个弱者，随时都有可能被迫退出人生舞台。

但是，看看我们身边的人和事，我们就会发现，有很多成功的人都是通过自己的刻苦和努力改变了自己，从自己的身上找到了自己的特长，最终走向了成功。

有一个人在大海上航行，突然遇上了强烈的风暴，船沉没了，全船人死伤无数。这个人侥幸地获得一个小小的救生艇而幸免于难，他的救生艇在风浪中颠簸起伏，如同叶子一般被吹来吹去，他迷失了方向，救援的人也没有找到他。

第一章 信念重如磐石

　　天渐渐地黑下来，饥饿、寒冷和恐惧一起袭上心头。然而，他除了这个救生艇之外，一无所有，灾难使他丢掉了所有，甚至自己的眼镜。他的心灰暗到了极点，他无助地望着天边，此时，他是多么渴望上帝这个救世主能来到他身边，把他从黑暗中救出去啊，但是时间过了很久，周围依然毫无动静。正在他绝望的时候，忽然看到一片片灯火阑珊，他高兴得几乎叫了出来。这个灯光使他想到了家里的灯光、妻子还有可爱的孩子，想到了年迈的父母，想到他们曾经对他说过的一句话："你是你自己的救世主。"——这句年轻时激励他从困境中走出来的话。他想这次他也可以拯救自己，于是，他奋力地划着小船，向那片灯光前进。

　　三天过去了，饥饿、干渴、疲惫更加严重地折磨着他，好多次他都觉得自己快要崩溃了，但一想到亲人，想到那句话，他又陡然添了许多力量。第四天的晚上，他终于划到了岸边，此时，他已经不吃不喝地在海上漂泊了四天四夜，当有人惊奇地问他是否有人帮助他脱离了困境时，他很骄傲地说："没有任何人，是我自己。"

　　是的，只有你是你自己的救世主。

第二章　坚守信念

第二章 坚守信念

信念的力量

每天醒来,很多人都会考虑一个问题:"如何才能使我的条件更好?"这也是一个实际生活的问题,它每天都会反复出现,直到你解决为止。

要回答这个问题,首先你应该记住:生活中最重要的事莫过于思考。如何控制你的思想,让它创造出美好的环境,这才是关键。

要取得成功的第一个要素是信念。信念就是确信你所希望的东西是真实存在的,只不过,它们暂时不能被你看见。有些人能够做一些看似不可能的事,而实际上,他们并不比你强多少。还有一些人,奋斗了多年都未见成效,但突然有

人生的精彩，在于坚定的信念

一天就实现了梦想。看到这些你会不解，是什么给了他新的动力，让他们将要熄灭的抱负起死回生，使他们通往成功的道路上有了新的起点？

这力量就是信念，即坚定的信心。他们拥有坚定地信念，始终向前跟进，哪怕失败、跌倒，也马上站起来，所以最后获得了成功。

可以确认，"信念"是一个常见的词，你一定在一些布道书或理论书中见过。但在行为上，在我们一直生活的世界中，"信念"这个词过去没能引起足够的重视。

信念力量与实践中的个人力量渊源颇深。简单地说，"信念"这个词正是推动事业稳步发展的必需力量。

尼奇缝纫机制造厂规模很大，该厂的总裁利昂·乔尔森如今身价高达数百万美元。但是，他刚从波兰移居到美国时，口袋并没有几个钱，他甚至连一句流利的英语都说不上来。然而，短短数年，他白手起家，在这一行脱颖而出，创下了自己的事业。一家报纸报道了他的成功经历，并引用了他在公开场合的讲演："我拥有不可动摇的信念，我前进的每一步，都得到了指导。我既用勤劳的双手工作，也用自己

第二章 坚守信念

的头脑工作。"

大多数人认为,信念即使不与理性背道而驰,也不过是人脑中的一种观念而已。但我们持相反的观点,日常生活中最重要的理性,难道不是建立在信念的基础上吗?明天太阳会升起来,这其实就是来自于一种信念,因为人类有史以来,太阳总是在早上升起,所以我们"相信",明天也一样。

宇宙定律或因果定律告诉我们,"相同的原因,在相同的条件下,会产生相同的结果"。只有当我们接受这一真理时,我们才可以真正认识到,事情就该那样,而且我们也可以对这结果进行论证。

人生的精彩，在于坚定的信念

信念是成功的火种

守住自己的信念，哪怕它只是秋天最后一片落叶，或只是水中一截腐朽的枯枝，只要你不曾对生活失去信心，生活就不会亏待你，因为守住了信念就留住了希望。信念有如点点火种，最终可以成燎原之势。所以说，我们要相信没有失败这回事，只有结果。许多人惧怕失败，然而常常有天不从人愿的时候。但在成功者的眼里，没有失败，只有结果，失败是阻碍不了他们的。

我们相信只有坚持追求结果的人，才能获得最后成功。也就是说，那些成功者不是没有经历过失败，只是他们不害怕失败，他们也有劳而无功的时候，但他们认为那是学习经

第二章 坚守信念

验,借用这个经验,再另起炉灶,得到新的结果。

世界上的一切事物都是发展变化着的。失败这个事物当然也不会例外,它也会发展变化。它不是向好的方向发展变化,就是向更坏的方向发展。至于它到底向哪边发展,其决定因素就是条件。某些条件具备了,它就会向好的方向发展,另外一些条件具备了,它就向更坏的方向发展,条件可以决定它的发展方向。我们既然希望向好的方向发展,那就要努力去创造那些必要的条件。条件具备了,时机来到了,就会转败为胜。

拿破仑亲率军队作战时,那支军队的战斗力,便会增强一倍。原来军队的战斗力一半是基于兵士对于统帅的敬仰。统帅如果抱着怀疑、犹豫的态度,全军便要混乱。拿破仑的自信坚强,使他统率的每个士兵增加了战斗力。

所以,坚定的信念,能使平凡的人做出惊人的事业。胆怯和意志不坚定的人,虽具有巨大的才干,高度的天资,高尚的性格,终难有伟大事业的成就。

如果一个人不相信自己,不相信自己的意志和信念,而把胜败寄托在他们身上,这是多么愚昧无知。同理,而当一个人把自己生命的核心与把柄交给别人时,又潜伏多么大

的危险！比如，你把希望寄托在儿女身上，你可能一辈子挨饿受冻；把幸福寄托在丈夫身上，而自己不去奋斗，你可能一生孤独凄凉，所以我们要相信：只有自己才能拯救自己，如果我们要走向成功，就需要我们拥有坚韧的斗志和永不言败、永不放弃的精神。毕竟只有我们才能使自己走向成功，其他人只能给自己的成功提建议和帮助，最后的成功还得靠我们自己去奋斗。这就像拿破仑在领着军队越过阿尔卑斯山的时候，只是坐着说："这件事太困难了！"无疑，他们不会越过那座高山。所以无论做什么事，坚定不移的自信心，是达到成功之巅最重要的因素。

在我们的生活中，绝大多数人都会这样想：世界上很多最好的东西不是他们所应有的。他们以为生活上的一切快乐，是保留着给一些有好运的人所享受的。有了这种卑贱的心态，当然不会有出人头地的强烈欲望。有许多人，他们本来可做大事、成大业，但是实际上却做着小事，过着平庸的生活，原来是由于他们自暴自弃，没有怀着远大的理想，不具有坚定的自信。如果你对自己有了真实的估计，自信能够获得成功，但是一经挫折，便中途停止，这是由于自信心不坚定。所以有了自信心，更须使之坚定，那么遇到挫折，便

第二章 坚守信念

能不屈不挠，向前进取，绝不至于一遇困难便退缩。

所以说，信念会使你的意志更坚定，会使你英勇无畏、心无旁骛地走到成功的终点。

有一支英国探险队进入撒哈拉沙漠的某个地区，在茫茫的沙海里跋涉。阳光下，漫天飞舞的风沙像炒红的铁砂一般，扑打着探险队员的面孔。望着无边无际的沙漠，队员们都有些茫然：口渴似炙，心急如焚——大家的水都没了。

这时，探险队长拿出一只水壶，说："这里只剩下最后一壶水了，但穿越沙漠前，谁也不能喝。"

一壶水，成了穿越沙漠的信念之源，成了求生的寄托目标。水壶在队员手中传递，那沉甸甸的感觉使队员们濒临绝望的脸上，又露出坚定的神色。终于，探险队顽强地走出了沙漠，挣脱了死神之手。大家喜极而泣，用颤抖的手拧开那壶支撑他们的精神之水——缓缓流出来的，却是满满的一壶沙子！

炎炎烈日、茫茫沙漠里，真正救了他们的，哪里是那一壶沙子呢？是他们执着的信念，已经如同一粒种子，在他们心底生根发芽，最终领着他们走出了"绝境"。

人生的精彩，在于坚定的信念

事实上，人生从来没有真正的绝境。无论遭受多少艰辛，无论经历多少苦难，只要一个人的心中还怀着一粒信念的种子，那么总有一天，他就能走出困境，让生命重新开花结果。

如果我们在面容上和行为上随时显露着卑贱，在每件事情上都表示出不信任自己、不尊重自己，你自然得不到别人的尊重。

人生就是这样，只要信念的种子还在，希望就在。信念更是一种生活态度，一种积极向上、诚信乐观的态度。创造者给予我们极大的力量，鼓励我们干伟大的事业。这力量潜在我们的脑海里，使每个人有永远不灭的欲望，有神圣伟大的策略，如果不尽自己的本分，在最可能的时候，不把自己的本领尽量表现出来，那么世界便丧失了一种新事业。世界上层出不穷的新事业正等待我们去努力创造。

所以，生活中时常会碰到这样或那样的困难，我们一定要坚守住自己的信念，不要被困难吓倒。俗话说，守得云开见月明。在乌云密布的夜晚，只要我们有着对明月的渴望和抱着明月总会出来的信念，静静地等待，往往最终都会等到明月普照大地的美丽瞬间。

第二章　坚守信念

信念缔造奇迹

　　人不能没有信念，否则将一事无成。一个人做任何事都不是没有原因的，而其中最重要的一点就是我们要做的每一件事都是根据自己的信念去做，有意或无意地导向快乐或避开痛苦。如果你希望能够彻底改变自己旧有的习惯，那么就需从掌握行为的信念开始着手。

　　因为人的认知角度不同，所以我们会对同一事物得出不同的见解，对于信念，如果你积极地看待它，信念就会帮助你激发潜能，但是如果你消极地看待它，就可能也可以毁灭你的潜能。

　　信念可以算是我们人生的引导力量。当我们人生中发

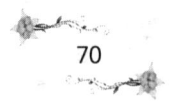

生任何事情时，脑海中便会浮现出一些印象，而这些印象便会指导我们的行为。信念就像指南针，为我们指出人生的方向，决定着我们人生的品质。

无论先人们过去曾光芒万丈，还是悲哀惆怅，我们每年都要留出一天来缅怀他们，这种场面是多么壮丽难忘啊。对我来说，这样的节日如同诗歌一样。

今天，我们不仅想起了自己的亲属——他们如此的可爱、可怜和威严，而且还想起了所有沿着先人走过的道路继续前进的人。像我们一样，他们也是朝圣者，但每个人终有一死。我们已经忘记了他们的名字，将来我们的境遇也必定是如此。

然而，我们会想起他们，我们沉思，我们祈祷。世界各地在这一天的活动无论多么不同，但是任何一块文明的土地都不会忘记这一天是"逝者的节日"。

有谁能忘记巴黎在万圣节这天的场面？整个城市陷入悲伤哀痛之中，到处都是法国人喜爱的象征肃穆的绉纱。一半的街道空空如也，人们都聚集到拉西尔神父公墓参加集会。

各种信仰的人，甚至没有信仰的人都向那些"先人"致敬。动物的上一辈死了，下辈因为看不见它们，也就不会产

第二章 坚守信念

生思念的感情，但是，崇拜死者却是最原始的宗教。

在世界大战期间，场面更为感人，这一点我们许多人都可以作证。许多年没有去朝圣的人又重操旧业。鲜花笼罩着每一名勇士。

每个人都留在了人们的记忆里——尽管已经过了几个世纪，并且生命以悲剧的形式结束，但人们仍然记得阿布拉尔和海洛薇斯地坟墓，因为他们的的爱是永存的。几年来，我的心中还在吟唱着那首挽歌。

这样的活动是为了告诉你们一种信仰的意义，而不单纯是为了纪念死者。尽管未来还不可知，命运已由天定，但是我们的信仰永远是："生活曾经是死亡的主人，爱永远不会失去意义。"

所以，一个人拥有绝对的信念是最重要的，只要有信念，力量会自然而生。

心理学的大量研究告诉我们，一个健康的人，应该一直保持良好的心态，要有乐观的情绪、美好的信念、无坚不摧的勇气。这样的人，将永远充满力量。

歌德说过："失掉财富，你几乎没有失去什么；失去荣誉，你就失去了许多；而失掉勇气，你就失去了一切。"

人生的精彩，在于坚定的信念

现实社会当中的那些成功者，他们都是从一个小小的信念开始的。因为一个人的信念能够激发你身上还未开发的潜能，让你的能力得到提升。另外，只要你的信念形成了，就会成为伴随你一生的动力，永远让你充满斗志，昂扬向前奋进。

第二章 坚守信念

信念决定命运

"你的命运取决于你的信念",信念就是期望!

换句话说,你所期望的是什么,你的命运就是什么。因此我想知道,你在期望什么?

一些人会说"我们期望最坏的事发生",或者"最坏的事将降临在你的头上"。这样期待的后果正是把最坏的事情引到自己的身上来。

另一些人说"我期望变得更好",于是,更好的生活状态就会被引入到自己的生活。

要改变自己的生活状态就要改变自己的期望。

你怎样才能改变自己的期望呢?也许你已经习惯了期待贫穷

与失败。

改变自己的行为,为了自己的好运做准备,让你的行为看起来像期望成功与富有一样。

积极的信念会在意识上留下烙印,做点事情以显示你正在期待好运的来临吧!

如果你希望拥有一个家,快去准备吧,买一些装饰品和桌布之类的家庭必需品。就像你现在就已经拥有了家一样。

一个我认识的女人,她拥有强烈的信念想得到生意。她买了把大号的扶手椅子,那椅子大而舒适,这是她为某个即将到来的人准备的,果然那个人真的来了。

如果你没有钱去购买装饰品和椅子,那该怎么办呢?那你就是站在商店的橱窗外面,用思想把自己和这些东西联系起来。

有人会说:"正是因为我没钱,所以我从不去商店。"你错了,这才是你要去商店的原因,你必须得和你期望的东西交朋友。

"你与自己关注的东西是有联系的"。有个女人想得到一枚戒指,于是身无分文地来到商店试戒指。在试戒指的同时,她也因此而有了一种拥有感。很快她就收到了朋友送给

第二章 坚守信念

她的一枚戒指。

只要你拒绝暗示自己："我很穷,这些东西不适合我。"这些东西不久就会出现在你身边,因此,保持对美丽事物的关注,你就能与这些事物建立起一种潜移默化的联系。

在我的《向幸福前进》出版后,一位读者来信说:在你结束有关精神治疗的题目之前,我还要提一下荣格博士,他是最伟大的心理学家之一,他的理论值得我们记忆和思考。

他告诉我们,在过去的30年里,来自各种阶层的人都曾经到他那里就诊,他给数以千百计的人看过病,这些人在神经和心理上都有一些问题。

在他那些已过中年的病人当中,很多人的问题都来自于宗教。

他很肯定地说,这些人之所以生病,是因为他们失去了在自己时代生活的宗教,如果他们不能重新找回这种宗教,他们的病就不会好。

他的这些话对我的印象很深,给这个本已恐惧的世界加入了一些阳光。除非我们能够重拾精神上的信仰,否则,我们就没有希望了。

"信仰与填饱肚子有一定的关系",乔治·艾略特作品

人生的精彩，在于坚定的信念

中的女主人公如是说。不但与填饱肚子有关，与整个身体甚至与整个精神上的健康都有关系。

　　这位读者的理解是准确的。很多人都想过一种健康快乐的生活，可他们却从不去考虑信仰或者生活的意义等问题。如果这样，他们肯定不会过上健康快乐的生活。

　　生命是一个宏大、丰富而又复杂的东西，但是，无意义的生命是鄙俗而无聊的，这样的生命无法履行高尚的责任。健康因素很重要，但是精神上的因素同样重要。

　　想要过一种健康的生活，我们必须有自己的信仰和哲学，要全身心地投入生活。

第二章 坚守信念

改变世界从自信开始

怀有信念的人是十分伟大的。他们遇到任何事情从来都不畏缩,同时也不会感到恐惧,最多也就是稍感不安,到最后也都能自我超越。他们健壮而充满活力,能解决任何问题,凡事全力以赴,最终成为伟大的胜利者。他们都有一个神奇的人生座右铭——那就是信念。

有一些人能够超越飘浮的思想,进入有目标、有指向的思想,并在周密地想过之后,创造奇迹。

安东尼曾经说过:"影响结果最大的是信念。信念不断地把讯息传给大脑和神经系统,造成期望的结果。所以,如果你相信会成功,信念就会鼓舞你达成;如果你相信会失

败,信念也会上你经历失败。再一次提醒你,不论你说能或不能,你都算对。"

那么,一个人如何建立信念之道呢?经过我们的研究得出,一个人建立信念主要有以下几种:

第一种:信念是一种有意识的选择,一定要选择能引导你成功的信念。

第二种:借由偶发事件建立信念。

第三种:通过学习知识建立信念。

第四种:从过去成功经验中学习信念。

第五种:在内心建立一个经验,假想愿望已经实现。

关于这几种方法的应用,我们现在来看一个事例。

斐塞司博士悠闲地站在窗前。他似乎在凝望着什么,思考着什么。但是从神态看,又好像什么也没有思考,就是工作之后漫无目的地遐想,即所谓"神游"。

四周静悄悄的,阳光从天空直射下来,照射在窗前的空地上。一只母猫躺在阳光下,它懒懒的,舒展的姿态与四周的宁静是那样的吻合。

太阳在人们不知不觉之中悄悄移动,树荫渐渐拉长,

第二章 坚守信念

渐渐挡住了母猫身上的阳光。当身上的阳光被摭住,母猫醒来了。它站起来,弓一下腰,不紧不慢地走到阳光的地方躺下,重新打盹儿。

树影继续移动,猫身上的阳光又失去了。这只猫又站起来,重新走到阳光下。这一切,是那么自然而然,仿佛一切都事先安排好了,又好像母猫接到阳光的通知似的。

这一景象唤起了斐塞司博士的好奇。究竟是什么引得这只猫待在阳光下?是光与热?对,是光与热。那么,如果光与热对猫有益,那对人呢?为什么不会对人有益?

这个思想在脑子里一闪。

这个一闪的思想,后来成为了闻名于世的"日光疗法"的引发点。

如果我们窗前也有这么一只睡懒觉的猫,我们也看到它一次一次向阳光趋近,会想起什么呢?或许想,这只猫怎么还不生小猫?或许想,它倒是很会享受,你瞧,那姿态有多舒坦!或许想,现在的猫不捉老鼠了?给主人养懒了……或许什么也没有想。

在睡懒觉的猫面前的泛泛一想,其方位与层次竟是这样

人生的精彩，在于坚定的信念

不同。

斐塞斯由想到了猫对光和热的追寻，进而想到光与热对人的益处，再与人类的健康联系在一起。我们呢？只是随便想想而已。

所有的人都会想，人的想大致有两种，一种是有思索的目标、有明确的指向，能得出明确结论的想；另一种是漫无目标，不着边际的，即所谓飘浮的想。许许多多人几乎永远停留于飘浮的想，没有有指向、有目标地深透地想过什么。所以终其一生毫无成就。有的人在许多时候能超越飘浮的想，进入有目标，有指向的想，并在周密地想过之后，创造奇迹。心理学家说，95%的人总是停留于飘浮的想，只有5%的人能够进入有目标、有指向的想，所以能够取得成就的不超过5%。斐塞司医学博士、诺贝尔奖获得者观看一只睡懒觉的猫所想的，使我们获得了很大的教益和启发。

我一直坚信，决定我们人生的关键不在于所遭逢的环境，而在于我们决定要如何去面对。你我都会听说过一些人的故事，他们无视所处的逆境，坚持所作的决定一心向前，结果让困顿的人生开出璀璨的花朵，他们努力奋斗的事迹成为后人学习的榜样。

第二章　坚守信念

如果我们有心，也都可以成为他们当中的一员，然而要怎么去做呢？很简单，那就是今天就下定决心，到底在未来的十年里或今后的日子里要成为什么样的一个人。如果你不打算作这样的决定也没关系，事实上你已经做了决定，就是甘心把自己的人生交给环境，任由它来主宰。我整个人生的改变就在那一天的决定，当时我下定决心不再浑浑噩噩度日，而要做自己人生的主人，过我所期望的未来。那天所作的决定看起来简单，可是却是我一生最重要的一个决定。

当你作出决定后可别把它看成儿戏，而要全力去达成才行，同时还得决定打算成为什么样的人。你得为自己定更上一层楼的标准和对自己的期许，同时还得坚持毅力去达成这样的标准，否则将永远得不到所期望的人生。遗憾的是大多数人从不这么做，反而光是给自己找借口，不是家境不好、没有背景，便是学历不足、没有机会，甚至于怪罪到自己的年纪太老或太小。这些借口其实都不是理由，它只会限制个人能力的发挥，甚而会毁掉你的一生。果断地作出决定，可以使你不再为自己找借口，在很短的时间里让自己彻头彻尾地改变，不管是家庭、事业、心态、健康、收入乃至人际关系。我们可以说"决定"乃是一切改变的动力，它可以改变

一个人、一个家、一个国家和整个世界。

我经常听到有些人抱怨他们的工作，当我问起为何还要去上班，他们的答案差不多全是千篇一律："我不能不去工作，我得生存。"

难道这些人真是如此无奈吗？事实上他们没有这个必要，不必每天一成不变地去上班，不必十年如一日地做相同的事，只要他们敢于今天下个决定，从此要重新生活，不再像以前那样便可以了。同样，此刻你也可以做个新的决定，只要你真心想这么做，那么就没有什么事能够难倒你。如果你不喜欢目前的工作，换掉它；如果不喜欢目前的个性，改变它；如果不喜欢目前的体能状况，锻炼它。只要你对自己任何方面不满意的话，都可以改变它，不过先得做出决定，这样人生才能改变。

请告诉各位认清"决定"的巨大力量，进而在人生中发挥无限的潜能，过着生龙活虎、快乐丰富的日子。

第二章　坚守信念

信念是驱使命运的车轮

作家欧·亨利的著名作品《最后一片叶子》描述了这样一个故事：

有个病人已经病入膏肓，她躺在床上，绝望地看着窗外的一棵树，树上的树叶都被秋风扫光了，但她突然发现，在那树上，居然还有一片葱绿的树叶没有落。于是她想等到这片树叶落的时候，就结束自己的生命。但是直到她身体完全恢复了健康，那树叶依然碧如翡翠。

其实，树上并没有树叶，而是一位画家画上去的，它不是真树叶，但它达到了真树叶生动真实的效果——给了病人

希望和信念，也给了他重生的机会。

病人痊愈后，她在一次不经意的情况下来到了那棵树下，刹那间，她站在树下，眼泪顺着脸颊流了下来，她被画家的用心感动了。

到此时，她才明白，这不是现实生活中的树叶，而是因为画家了解她内心秘密，才画了这片叶子。现在她深深地知道：画家是唯一了解她的人，画家知道她在等待树叶全部掉落之后，再悄然地终结自己的生命。画家为了不让她失去生活的勇气，才精心设计了这么一片假树叶。也就是这片树叶，才使她具有了活下去的勇气。

只要那片树叶不落，我们的生命就不会消亡。真正有生命力的并不是那片树叶，而是人的信念。要让生命的树叶永不凋零，首先就要让我们心中的叶子永不凋零，那就是抓住信念这一命运的缰绳。

信念是驱使命运的缰绳。戴尔·卡耐基说："信念犹如闪电，当阴云蔽日之时，指给你奔向光明的前程；信念好比葛藤，当你向险峰攀登时，引你拾级而上；信念就像金钥匙，当你置身生活的迷宫，助你撷取人生的桂冠。"

第二章 坚守信念

信念,是成功的基石。巴甫洛夫曾宣称:"如果我坚持什么,就是用炮也不能打倒我。"高尔基指出:"只有满怀信念的人,才能在任何地方都把信念沉浸在生活中并实现自己的意志。"

信念往往会真的带来我们所想的东西,一个没有信念的人,不管他的天赋怎样好,不管他的实际条件如何优秀,他都难以成功。

一个人要想在自己的人生中留下浓墨重彩的"章节",信念是不可缺少的一环。信念指引你走向成功。说起信念,其实并不深奥,就是相信自己,相信胜利,相信自己所确定的目标。

美国前总统里根说:"创业者若抱着无比的信念,就可以缔造一个美好的未来。"

美国成功学家拿破仑·希尔说:"有方向感的信念,令我们每一个意念都充满力量。"

信念,人生中可贵的宝藏,拥有它,便意味着你拥有了成功。

纽约的教会兴办了一场邀请非圣职人员演讲的集会。戴尔·卡耐基被邀来做演讲。卡耐基是畅销书《影响力的本

人生的精彩，在于坚定的信念

质》一书的作者，也是一个出色的演说家。可是在这次的演讲中，他曾一度因为过于激动而说不出话来。他向人们讲述了他的童年，那个对他来说不堪回首的童年。在这里他提到信念的力量，他说："即使在极度困窘的境况下，我的母亲也不曾动摇过自己的信念。她不断哼唱着古老的圣诗《和耶稣做朋友》，在窄小的屋子里忙碌地工作。母亲经常安详地告诉父亲和我们，上帝会赐予我们食物，这使我们宽心不少。我从来没有空着肚子睡觉的记忆。也许是母亲坚强的信念传递到了上帝那儿，非常奇怪，也可以说是奇迹般的，我们总能获得必要的东西。"因为信念，他们渡过了艰难困苦的日子，也使得他懂得了生活的不易。

美国著名的解剖学、心理学教授威廉·詹姆斯在人性与成功方面的广博知识堪与爱默生匹敌，人们都把他称为心灵与肉体两方面的专家。他对信念的论述深深地影响了很多人，他说："只要怀着信念去做你不知能否成功的事业，无论从事的事业多么冒险，你都一定能够获得成功。"在威廉·詹姆斯看来，能保证人们成功的关键因素不是知识，也不是机遇，更不是经验和金钱，而是信念。一个人只有对事

第二章　坚守信念

业怀有信念，相信自己，才是获得成功不可或缺的前提。他说："当然其他因素也非常重要，但最基本的条件，是激励自己达到所希望的目标的积极态度。"

威廉·詹姆斯还指出，怀有信念的人是了不起的。一个人不要畏惧人生，要相信人生是有价值的，这样才会拥有值得我们活下去的人生。那些成功的人往往是遇事不畏缩也不恐惧的勇士，他们在遇到困难时，总能以坚强的信念渡过难关。就是稍感不安，最后也都能自我超越。他们永远带着一定能够解决的自信去面对。他们都有一个神奇的座右铭，那就是"信念"。

因此，可以这样总结：

有什么样的信念，就有什么样的态度；

有什么样的态度，就有什么样的行为；

有什么样的行为，就有什么样的结果。

因此，要想结果变得更好，先让行为变得更好；

要想行为变得更好，先让态度变得更好；

要想态度变得更好，先让信念变得更好。

信念是成就一切的起点。

人生的精彩，在于坚定的信念

拥有自己的信念

信念是帮助你走向成功的关键因素。一个没有必胜信念的人，根本不可能全力以赴！一直看不到胜利的团队，也根本不可能获胜。所以，无论是对个人、军队或是企业，都应该极力营造一种"必胜文化"。这样的文化能激励鼓舞士气，激发信心，能营造一种必胜的信念，让组织直达成功的彼岸。

中国保险界第一位由个人营销员晋升高级经理人的于文博，从零开始，由一名试用营销员，历经七年的打拼，做到了泰康人寿总公司营销部总经理的职位。谈起奋斗的历

第二章 坚守信念

程,他感慨地说:"追求外在的东西很苦,也很艰难,需要由内而外地铸造灵魂。其实,生活中的一切都在成就着我们——那些拒绝、挫折、苦难就像砺石一样;剑将愈锋,镜将更明。"在他的记忆中最深刻的一位客户,他先后拜访了42次,听了41次的"不",他没有放弃,精诚所至,金石为开,最后那位客户笑着说:"好吧!"于文博回忆那一刻的"花开",感到莫大的庆幸,不是因为他签下了这份保单,而是感谢生活教他"再坚持一下"这个伟大的信念终于结出喜人的硕果。

所以,坚定的信念和富于希望的心灵是走向成功、创造奇迹的基石,成功者都具有这样的心灵,因为他们相信举步维艰后的峰回路转,相信混沌迷惑后的灿然乾坤,相信山穷水尽后定会柳暗花明的那份意境。

也有心理学家说:"人的行为受信念支配,你想要做出什么样的成绩,关键在于你的信念。"所谓信就是"人言",人说的话;所谓"念"就是"今天的心"。两个字合起来就是今天我在心里对自己说的话。若一个人在心里老是不停地埋怨自己这样不行,那样也不行,很难想象,他会在

人生的精彩，在于坚定的信念

今后的人生中做出怎样的成绩；相反，若一个人在心底深处总是不停地鼓励自己，我能行！那他在人生中获得成功的机会就很大。人只有相信自己，才能成功。你认定自己失败，你就注定要失败！你坚定自己是哪一种人，你就会成为哪一种人。无论什么事，如果你反复地确认，总有一天会变成现实。信念使他们不受他人督促监管，而能自节自律；信念使他们充满活力，懂得更好地发展自己。他们矢志不渝，无所畏惧，所以他们处处都会成功。

在公司中拥有信念的员工，生活才更加充实，生命才更加绚烂。信念好比航标灯射出的明亮的光芒，在朦胧浩瀚的职业海洋中，牵引着人们走向辉煌。信念来自精神和成功，又对成功起着极大的推动作用。信念可以排除恐惧、不安等消极因素的干扰，使人在积极肯定的心理支配下，产生力量，这种力量能推动人们去思考、去创造、去行动，从而完成他们的使命，实现他们的心愿。

要想成功，必须走出自己的路来，老跟在别人屁股后边学，充其量只会落下"模仿者"之名。其实，成功者都是充满自信和个性的，没有自信与个性，成功几乎与你无缘。跟着别人跑，跟着别人学，可能会获得一点成功，但不能获得

第二章　坚守信念

大的成功。因此，要根据自己的个性，充满自信地去设计一条成功的路线和方法，才能真正成为成功者。

面对充满诱惑和多变的世界，面对许多不确定的因素，有信念的人，能坚守自己的理想和目标而不动摇，从而按自己的心愿，以自己的方式走向成功和卓越。信念产生信心，信心可以感染别人，一方面激发别人对他的信心。这样，就容易赢得上司的好感，具有良好的人缘。而人缘好，机会就多，这样成功就会变得更加容易。

有方向感的信心，令西点学员都充满了力量。他们抱着无比的信念，就可以缔造一个美好的未来。所以，要想让自己过得更好、生活得有意义，那就要像西点学员那样将信念之旗高高举起。

在《圣经》中有这样一个故事：一艘小渔船轻轻地荡入平静如镜的革尼撒勒湖。这时，太阳已经下山，天边仍然残留着一片晚霞。霞光洒满湖面，一片波光粼粼，景色真是美极了。这艘小船要渡到湖的对岸去。那么，船上有些什么人呢？

多年来，这些人一直在革尼撒勒湖上以打鱼为生。所以他们对湖四周的情况了如指掌。他们也曾经在暴风骤雨中航行，与大风大浪搏斗过。对这些经验丰富的渔夫来讲，在湖

人生的精彩，在于坚定的信念

上航行就好比在陆地上走路一样自在。

耶稣的门徒们悠闲地坐在小船上，一边欣赏美丽的景色，一边轻声聊着天。在船的尾部躺着一个熟睡的人，他就是耶稣。耶稣肯定是累坏了。他在迦百农城度过漫长而又疲劳的一天。这一天，耶稣连续不断地向人群讲道，给病人治病，没有丝毫休息的时间。现在总算可以好好休息一下了。因为耶稣也是人，也需要休息。

小船静静地向前航行着。可是没过多久，天气突然起了变化。天上的霞光早已消失，取而代之的是一团又一团浓密的乌云。湖面上开始刮起大风，原本平静的湖水开始剧烈地翻腾起来。起先，耶稣的门徒对这突然的变化并不在意，他们经历过的风浪多了。他们用有力的膀臂沉着地把住舵，继续航行。

小船在风浪中颠簸着向前行进。乌云越来越密，整个天空看不见半点星星或月亮的亮光。湖面上一片漆黑，伸手不见五指。风也越刮越猛，刮在桅杆的缆绳上，发出阵阵刺耳的呼啸声，湖水也越来越汹涌，波浪猛烈地拍击着船舷，似

第二章 坚守信念

乎不把小船拍个粉身碎骨绝不罢休似的。面对这个情况，耶稣的门徒们开始有些招架不住了。因为这么恶劣的天气和巨大的风浪，是他们以前没有遇见过的。他们都忍不住把目光投向在船尾熟睡的耶稣，心中暗暗希望耶稣能马上醒来，帮助他们渡过这个难关。可是耶稣仍然在船尾沉睡不醒。

这该怎么办呢？情况变得越来越糟。湖水不断地打进船内，小船随时都有沉没的危险。门徒们沉不住气了。他们惊慌失措地冲着耶稣大声喊叫，说："主啊！快快救我们吧！我们快要没命了！"

听到门徒们的求救声，耶稣醒了过来。那么眼前的大风巨浪，是否吓倒了耶稣呢？他是否像门徒一样惊慌失措呢？没有！只听耶稣用十分镇静的口气对门徒说："你们这些小心的人哪！为什么害怕呢？"接着，耶稣站起身来，斥责风浪说："住了吧！静了吧！"顿时，湖面上的风浪消失得无影无踪，湖水恢复了原有的平静。

耶稣的门徒们看到眼前这种景象，吃惊得一动都不敢动。《圣经》说："他们就大大地惧怕。"这些门徒为什么

惧怕呢?他们不是看见过耶稣做出许多的奇迹吗?是的,他们的确见过耶稣做出许多的奇迹,但是他们以为耶稣只能医病赶鬼,完全没有想到耶稣还有征服自然界的能力。过了好一会儿,门徒们惊叹地互问:"他到底是谁?连风和海都听从他。"

小船在恢复了平静的湖面上继续航行,好像刚才什么事也没发生过,然而,耶稣的门徒们对这一晚的航行经历却是终生难忘。

耶稣的门徒们从耶稣平静风浪这件事,学习到人生中最重要的功课。同样,我们也可以从这个故事中学习到人生最重要的功课。我们都会在人生的航程中遭遇风暴。这里讲的风暴指的是人生中各样的艰难险阻。人的一生就像一艘小船在茫茫大海中航行,免不了会遇到困难和打击。只要我们信心十足,就能战胜一切艰难险阻。

一件发生在美国内战期间的奇特的故事,也可以说明信念和信心的魔力。

信心疗法的创始人玛丽·贝克·艾迪,当时认为生命中只有疾病、愁苦和不幸。她的前任丈夫在婚后不久就去世,

第二章　坚守信念

第二任丈夫又抛弃了她。她只有一个儿子，却由于贫病交加，不得不在他4岁那年就把他送走了。她不知道儿子的下落，以后有31年之久，都没有再见到他。

因为自己的健康状况不好，她一直对所谓的"信心治疗法"极感兴趣。可是她生命中戏剧化的转折点，却发生在麻省的理安市。一个很冷的日子，她在城里走路时突然摔倒在结冰的路面上，而且昏了过去。她的脊椎受到了伤害，她不停地痉挛，医生甚至认为她活不久。医生还说，即使奇迹出现而使她活命的话，她也绝对无法再行走了。

她忽然产生了一种力量，一种信仰，一种能够医治她的力量，使她"立刻下了床，开始行走"。

"这种经验，"艾迪太太说，"就像引发牛顿灵感的那枚苹果一样，使我发现自己怎样地好了起来，以及怎样也能使别人做到这一点……我可以很有信心地说：一切的原因就在你的思想，而一切的影响力都是心理现象。"

最可怕的敌人，就是没有坚强的信念。在荆棘道路上，唯有信念和忍耐能开辟出康庄大道。只要改变自己的信念，就能改变自己的生活。

人生的精彩，在于坚定的信念

坚守自己的信念

英国作家萧伯纳曾经说过："一个人的信仰或许可以被查明，但不是从他的信条中，而是从他的习惯行为所遵循的原则中。"歌德也曾经说过："谁要是游戏人生，他就一事无成；谁不能主宰自己，就永远是一个奴隶。"在我们寻找自我的过程中，坚守自己的信念对自我的重生有着重要的意义！在人生的大起大落，欢喜悲痛中，我们唯有坚守自己的信念，才能更加真实地生活在这个世界上，更加清晰地听到自己内心的呼唤，更加完整地做一个真正的自己！

胡小梅一直想爬上珠穆朗玛峰，但没有成功。她认为珠穆朗玛峰耸立在那里就是要人去爬的，困难是对人精神的挑

第二章 坚守信念

战者。这种思想就是她的信念。

有一种肺炎难以治愈。严重肺结核还没有找到相应的治疗方法。大风子油对麻风病还没有很好的治疗。虽然我们进行了各种各样的研究，癌症对于我们来说仍然是一个谜。

这些困难能够逾越吗？胡小梅认为他们能够解决这些困难。这就是信念。没有人能够证明它，也没有人能够提出反证。如果失去了这种信仰，药物也会显得无济于事。

我们能够消灭战争吗？人类的本性是接受民主还是接受独裁者的鞭子？我们能在这个世界上建立一种公正、仁慈、快乐而又人性的社会秩序吗？

虽然很多高尚的人士给了我们希望，但我们还是无法对其进行证明。虽然罪犯和堕落者证实了我们的恐惧，但我们还是无法证明。但我们必须相信，否则我们就没有任何希望了。事实上，我们确实也相信它。

那么，我们该怎么办呢？如果我们不能在信仰上赌一把，我们的人生哲学就会陷入单调的泥潭。

只有信仰才可以接受挑战，阔步前进，发现真理。对我们帮助最大的不是那些我们努力去相信的事情，而是那些我

人生的精彩，在于坚定的信念

们情不自禁地去相信的事情。这些事情才真正造就了人类。

要想信念变成现实，自身的努力和奋斗必不可少。但坚定的信念才会使人产生十足的动力，它就像人生旅途中的灯塔，为我们指引着前进的方向。自从电报发明以来，不断有人提出铺设跨越大西洋的电缆计划，但人们大都只当它是个梦想。而菲尔德对此却产生了坚定的信念，他对这个计划充满了信心，于是投入了全部的精力进行研究。研究并不顺利，菲尔德失败多次，并因此遭到了人们的嘲笑和指责。这时候，执着的信念支撑着菲尔德，他毫不灰心丧气，而在失败的经验上继续着自己的事业，终于在1866年取得了成功，世界历史因此而改变。

所以，我们要记住，最后能移山填海的，一定不是摇摆不定的信念。通过沉默和沉思，你心里充满了对真理的向往，坚信自己的信念永不改变，你相信圣哲是你的牧羊人，就能获得自由。

你会有所感觉，富有的圣哲会帮你除掉所有的任务和限制。于是，你径直走入人生的大舞台，不会摇摆，你在人生舞台上做的事才是最重要的。

第二章　坚守信念

要让法则发挥作用是需要行动的，因为没有行动的信仰等同于死亡。

我的一位朋友非常想去法国。他说："我感谢圣哲为我设计旅程，感谢他对我的完美资助。"他是没有什么钱的，但他深知准备法则的重要性。于是，他买了大箱子，这是一个超大的箱子，面积大而且有一条红带子绕在箱子中间。他每次看到这个箱子，都会提起他对旅行的渴望。有一天，他感到自己的房子在摇晃，像是船在航行，他立刻走到窗前去呼吸新鲜空气，似乎闻到了甲板传来的芳香，似乎听到船板移动和海鸥在叫的声音。不久之后，他得到了一笔钱足以开始旅行，终于可以用上大箱子，他旅游的欲望最终被激发。后来他告诉我，这次旅程的每一个细节都是完美的。

因此，我们要为自己的好运做准备。你的每个思想及行为都表现出坚定不移的信仰，每件事都是明确的观点。因为你的信仰，你用心准备的事情不是你的恐惧，使得有些事情能够发生。

我们要充满智慧，带上灯油。当我们的期望值还不高的时候，就应该种下信仰的种子。

人生的精彩，在于坚定的信念

芭芭拉·安吉丽思在她的最新著作《活在当下》中记录了这样一个故事：

20世纪初，俄罗斯帝国境内一个小村落里，住着一个犹太小男孩。那时候，沙皇的军队——哥萨克人，正在各地对少数民族的犹太人进行大规模的迫害。每天市集上热闹时，全村的人都聚集在大广场上交易买卖，哥萨克人就会在这个时候，骑着高大剽悍的马来到市集上，打翻犹太人的货物、商品，接着宣布沙皇限制犹太人自由的最新敕令，然后骑着马扬长而去。

小男孩和祖父的感情非常亲密，他的祖父正好是这个村子里的老教士。村子里的犹太人都相信，他们的教士和犹太人的祖先亚伯拉罕或摩西一样睿智。小男孩每天都会陪祖父从他们简朴的家散步到集市去。哥萨克骑兵总是挥鞭而至，掀起漫天尘土，宣读当天的敕令："今天起，任何犹太人购买马铃薯，一次不得超过五个。"或是："沙皇有令，所有犹太人必须将他们最好的牛立刻卖给国家。"

每天，同样的故事不断重演——老教士和其他人一起听

第二章　坚守信念

着沙皇的敕令，然后他向那些哥萨克人挥舞着他的拐杖，大声叫道："我抗议！我抗议！"然后其中一个哥萨克人就会骑着马过来，用马鞭狠狠地抽向老教士，临走之前还要吼一声："闭嘴，你这老蠢货！"老教士捱不住鞭子，就会倒在地上，他的教徒们会冲过去扶他起来，帮他拍掉衣服上的泥土，然后他的小孙子再搀着他回家。

日复一日，月复一月，小男孩惊悚地看着这一幕再三重演。终于他再也忍不住了，有一天，他送满身乌青的祖父从集市回家时，小男孩鼓起了勇气，"亲爱的老教士，"小男孩的声音带着点微微的颤抖，"您明知道那些士兵一定会打您，为什么还要每天在他们面前抗议沙皇呢？您为什么不能保持沉默呢？"

老教士对孙子慈祥地笑道："因为明知是错的事情，如果我不大声抗议，我就会渐渐和他们一样了……"

只有坚守自己内心的信念，才不至于沉默在他人的声音和世界中，不至于丢失了本来的自己。

生活就像一个大舞台，生活中的我们有没有真正地做一回自己呢？还是只是如舞台上的演员般在饰演一个"我"的

角色？当个人的理想和家人的期望产生冲突的时候，你妥协了，"听妈妈的话吧！"当前进的道路上遇到挫折的时候，"放弃吧，别再坚持了！"当你害怕失去你当前幸福生活的时候，你变得惶惶然，不够坚持自己内心的想法……当所有这一切发生，你没有真正做自己的时候，你的内在和外在便发生了不和谐，发生了对立的抗拒，这种情况下，人是无法发挥出自己的最大能量的！

苏霍姆林斯基说："人类的精神与动物的本能区别在于，我们在繁衍后代的同时，在下一代身上留下自己的美、理想和对于崇高而美好的事物的信念。"一个拥有自我信念、坚守自我信念的人，才有着一份完整的灵魂，才能真正地活出自己！

小小的水滴撞向坚硬的岩石，明知可能粉身碎骨，却仍然义无反顾，是什么让它们不顾一切地奔涌向前？是水滴石穿的信念；小小的蜘蛛吐出细细的丝编织自己的网，中间遇到任何阻挠都不气馁，都要重新开始，是什么让它们如此坚持不懈？是它们坚信自己一定能够成功的信念—— 一定能够编织好自己的网；蜗牛背着重重的壳前行，即使沉重也从不放弃，因为那是自己的一部分！

第二章　坚守信念

生活中，我们很多人往往一味地服从别人，没有自己的意愿，即使有，也多少会带着一些恐惧！有些人在坚守意愿的过程中遇到一些反对的声音或是一些困难和阻挠，就放弃了！对这些人来说，他们心理缺少一种持久的奋斗力，他们的生活也只能是平庸的！也许，这些人，直到生命的终结，都没有活出真正的自我！

第三章

成功是点滴的积累

第三章　成功是点滴的积累

每个人都要不断地奋斗

每个人的人生就像一个金字塔，越往上走，你所享受的空间就越大。但大多数人宁可平庸，按部就班的过日子，辛苦地维持现状。只有少数人能在塔里漫步，游刃有余地生活，欣赏塔顶的风光，享受成功的喜悦，这类人就是知道自己为谁而奋斗的人。而当一个人先从自己内心开始奋斗时，他就是个有价值的人。每当想到你所要追求的，动力就会在你的身边。崇高的目标会为你带来无尽的快乐和激情。为自己奋斗，一切都不成问题。

每个人都要永远记住这个真理，只有懂得给自己加油的

人,才是真正聪明的人。

作为一个有心人,要想在这个信息化时代中生活地稍微惬意一点,你就不得不在这个"波涛汹涌的大海"上拼搏奋斗。

世界是一个硕大的群体。我们每一个人都是这个群体的一分子,就像是深海中的浪花一样。所以我们必须清醒地认识到自己的平凡与渺小。如何才能把渺小的自我立身于庞然大物之中呢?那就是一鼓作气,形成一股海浪。

类似的道理我们在古书中也不难找到——《左传》中的曹刿论战:"夫战,勇气也。一鼓作气,再而衰,三而竭。彼竭我盈,故克之。"可见一鼓作气的策略在成功中发挥的重要作用。

人生或许只有一次机会,所以要看准自己的将来,下定决心,选择没有后悔的生存之道。要奋斗就要有足够的勇气和冲力。

拿破仑·希尔深知,成功就是一连串的奋斗。

对此他特意讲了一个故事:

我最要好的朋友是个非常有名的管理顾问。一走进他的办公室,马上就会觉得自己"高高在上"。办公室内各种豪华的装饰、考究的地毯、忙进忙出的人潮以及知名的顾客名

第三章　成功是点滴的积累

单都在告诉你，他的公司的确成就非凡。

但是，就在这家鼎鼎有名的公司背后，藏着无数的辛酸血泪。他创业之初的头六个月就把十年的积蓄用得一干二净，一连几个月都以办公室为家，因为他付不起房租。他也婉拒过无数好的工作，因为他坚持实现自己的理想。他也被顾客拒绝过上百次，拒绝他的和欢迎他的客户几乎一样多。

就在整整七年的艰苦挣扎中，我没有听他说过一句怨言，他反而说："我还在学习啊。这是一种无形的，捉摸不定的生意竞争，很激烈，实在不好做。但不管怎样，我还是要继续学下去。"

他真的做到了，而且做得轰轰烈烈。

我有一次问他："把你折磨得疲惫不堪了吧？"他却说："没有啊！我并不觉得那很辛苦，反而觉得是受用无穷的经验。"

由此可知，倘若没有这一连串的努力和奋斗，他朋友的公司只会化成泡影。倘若干干停停，就会失去机遇，更与成功无缘。七年的连续坚持就是关键中的关键。好比我们提着重物去登山，一口气到了半山腰，感觉已经很累很累，这个

人生的精彩，在于坚定的信念

时候聪明的人是不会停下的，一旦停下，就很难再起来，疲劳感和厌烦感都会随之而来，把原有的信心和勇气挤跑。只有一鼓作气登上顶峰，才能彻底放松顺带欣赏美景。

既然选择了奋斗就要准备好付出所有，既然选择了奋斗，就要努力让自己的人生变得与众不同。而这一切，是需要一种近乎神奇的力量作为动力的，只要我们善于去发掘，善于去寻找，我们就能在每一场人生的战役里拥有这种力量，从而战无不胜。

奋斗是永不停歇的脚步，是无怨无悔的坚持，是一鼓作气的努力。

近几年，也就是当几道细细的鱼尾纹悄悄爬上眼角时，我才猛然意识到自己已经是"不惑"之年了。"年与时驰，意与日去"，自己仍徘徊在成就的山脚下，无所事事。回首往事，不仅茫然长叹：半是懊悔逝去的岁月，半是叹息时间老人的无情……

不知你是否仔细揣度过"年轻"这个字眼？人生的价值，要用成就的砝码来衡量，而成就的取得，都要靠时间的"钞票"来换取。从这个意义上说，年轻——意味着我们是世界上最珍贵财富的拥有者。严峻的自然法则，将允许我们

第三章　成功是点滴的积累

更长时间地遨游于科学的海洋，去涉猎"光怪陆离"的教育教学领域，出入于知识的迷宫，去采摘色泽鲜艳的成就硕果，这是何等的令人羡慕啊！

在教育界，多少老前辈们，虽已年过花甲，本可偃旗息鼓，一享天伦，可是一颗不断进取的心，一个渴望把一腔热血洒向教育的愿望，为他们的生命绷紧了发条，促使他们每天教学和学习15个小时以上，他们身后的脚印是坚实的，他们都已步上成就的高山。可你们知道他们怎样倾慕我们年轻教师吗？他们说：

"假如我是你们当中的任何一个人，哪怕是你们当中的最倒霉的一个，我都感到无限的幸福，因为你们拥有时间，拥有未来！我不相信什么命运，只要有时间，就可以在奋斗中赢得一切。"

老前辈们的话，启开了我思想的闸门，像一股淙淙的清泉，滋润了我干涸的心底。是的，何必叹息呢！我们要永远相信自己还年轻。老前辈们硕果累累，却真心挚意的羡慕我们这些两手空空，但却富有时间的后来者，所以，我们应该为此骄傲——我们还在年轻阶段。

面对勤奋的人们，我深深地反省：多少个晨星初露的清

晨，在我贪恋安逸的惰性中消失；多少个落日余晖的黄昏，在我"海阔天空"的闲扯中荒芜。在人生的旅途上，我们是时间的富有者，在历史的长河中，我们所拥有的时间不过是短暂的一瞬。亲爱的朋友请想一想吧：水蒸发了，变成了气；草烧焦了，变成了灰；自然界上，任何一种物质的消失都转化成了另外一种物质，那么，时间流逝了呢，能不能转化成另外一种东西呢？有人说得好：不赋予时间以创造性的价值，它就像小溪的流水，只能带去凋谢的青春花瓣，而不能浮起成就的远洋货轮！

亲爱的朋友们，也许你与我一样，懊悔逝去的岁月，责怪时间老人的无情；或者，当别人在事业上迎来硕果摇曳的丰收时，羡慕别人的成功，感叹自己一事无成。

朋友，把叹息换成奋起吧！"人言秋日悲寂寥，我言秋日望春潮，晴空一鹤排云上，便引诗情到碧霄。"逝去的既然已经逝去，那么，就让我们以新的勇气去开辟新生活吧。况且，新的教育时代的到来，已不容我们有一丝的懈怠。那么就让我们在这新的教育时代到来之际写下这样几个令人羡慕、催人奋进的大字——永远相信我们还年轻！

每个人都要永远记住这个真理，只有懂得给自己加油的

第三章　成功是点滴的积累

人，才是真正聪明的人。不停地给自己加油，才能获得不停的勇气，形成一鼓作气的努力，争取到成功的希望。

有付出就有收获

不去计较的付出才是真正的付出,渴望回报而去付出的,只是虚伪。

荀子在《劝学篇》里说:"蟹六跪而二螯,非蛇鳝之穴无可寄托者,用心躁也"。这说明了全力以赴是一种成功的品质,做事三心二意,前怕狼,后怕虎,患得患失,焉有不失败的道理?

当人竭尽全力去付出的时候,才有可能获得期望之内的收获。俗话说:"一分耕耘,一分收获。"不去耕耘,怎有收获呢?天上是不会掉馅饼的。既然要付出,就彻底一点,

第三章　成功是点滴的积累

免得获得的不够时平添抱怨。生活中埋怨付出太多、获得太少的人太多。试问自己："付出的时候，是尽心尽力吗？有所保留吗？"

有一位成就斐然的年轻人，他是一家大酒店的老板。一开始我丝毫没有看出他有什么特殊才能，直到他讲述了自己被提拔的传奇经历之后我才明白了事情的原委。

"几年前，我还是一家路边简陋旅店的临时员工，根本就没有什么发展的前途可言。"他回忆道："一个寒冷的冬天，已经很晚了，我正准备关门。进来一对上了年纪的夫妇。他们正为找不到住处发愁。不巧的是，我们店里也客满了。看到他们又困又乏的样子，我很不忍心将他们拒之门外。而且，老板说了，不能拒绝客人的要求。于是我将自己的铺位让给他们，自己在大厅睡地铺。第二天一早，他们坚持按价支付给我个人房费，我拒绝了。本来也就没有什么嘛！"

"那对夫妇临走对我说：'你有足够的能力当一家大酒店的老板。'

"开始我觉得这不过是一句客气话，然而没想到一年

后，我收到了一封从纽约寄来的信，正是出自那对夫妇之手，还有一张前往纽约的机票。他们在信中告诉我，他们专门为我建了一座大酒店，邀请我去经营管理。"

年轻人为了把工作做好，执行了老板"不能拒绝客人要求"的工作指示，没有借口说旅店里客满了，甚至没有计较一夜的房费，而正是这一举手之劳，他获得了一个梦寐以求的机会。

付出多少，得到多少，这是一个基本的社会规律。也许你的投入无法立刻得到回报，不要气馁，一如既往地付出，回报可能会在不经意间，以出人意料的方式出现。除了老板以外，回报也可能来自他人，以一种间接的方式来实现。

我们设想一下，如果这个年轻人当时没有执行老板的指示，借口说客满了，把那对夫妻打发走，结果会怎么样呢？也许他直到现在还在那个简陋的旅店里打杂。每个人都会有很多的机遇，往往一个借口就让你错失了也许对你一生来说最重要的机会，而你还浑然不觉。

获得多的人与获得少的人的区别在于，前者毫无保留又不想回报，后者付出的时候盘算获得的时候的计较。而

第三章　成功是点滴的积累

命运就是这样的奇妙，越是不计较回报的人获得的回报越多，斤斤计较的反而一无所获。

要想取得成功，必须付出更多，才能获得更多。

在我们的生活中，其实，就人的心理而言，大凡付出了，就一定期望有所回报，而且付出的越多，回报的期望值也就越高。当然，这种付出和回报可以是物质上的，也可以是精神上的。如果付出而没有得到回报的话，人的心理是会失衡的。至于那些曾经付出而没有得到回报却又能一切如常的人，如果不是自欺欺人的话，就一定是心理素质比较高的人了。

对待工作的时候，也许你会觉得自己已经在工作中投入了很多，却没有马上得到回报，而心有不甘。你会想既然不能升职，还不如忙里偷闲，反正也不会被开除、扣工资。这样一来，以后你就可能会拖延怠工，以免提前完成工作，再揽上其他的事务。久而久之，你的进取心将被磨灭。另外，如果你计较自己的付出没有在短期内得到回报，继而会产生抵触情绪，还会影响你在公司里的人际交往。

刚开始工作的时候，你从事的只能是很琐碎的工作。你只有全力以赴地付出，才有可能得到提拔和重用。

独自创业的人更是如此,不要指望付出一点点就能够达到你的期望值,人的期望总比现实要高。甚至在创业之前的很长一段时间里都应该开始为此准备和付出,只多不少,做好一切心理准备。对于结果可以希望,可以企盼就是不能奢望。因为命运本身也是一个精打细算的商人,它给予的是每个人自己应得的那份,不会太多也不会太少。

这个世界上没有绝对的公平,但却有相对的合理,不管怎样去算计,付出与回报的比例大多都是一比一。所以,再精于算计的人在付出的时候千万别多想,算计来算计去小心算计的是自己。倘若能给别人的付出以回报的话,最好就给予别人回报;如果不能给予回报,最好就不要接受别人的付出。

在人际关系中生存,就必须要有付出。而赢得人心的关键,就在于一颗博爱之心。人人为我,我为人人。说的就是相互付出、相互帮助、共同走向人生的成功的道理。

总之,就常人的心态而言,如果在付出的时候能少一点回报的期望,多一点助人为乐的精神;在得到回报的时候少一点对等的要求,多一点满足的情感,那么,我们就一定会活得更加开心快乐!

第三章　成功是点滴的积累

坚持，再坚持

安东尼曾经说过："对我而言，成功是不断致力于更上一层楼的过程，那是去实践修身、处世、心智、体能、学识以及财富上成长的机会，并造福人类。这条成功之路永远是在构筑之中，不断延伸，没有止境。"

人生难免有沉浮，怎会全部是坦途，重中之重看恒心，一路登顶不停歇。

"一帆风顺"是我们美好的祝福，而现实生活中艰难困苦什么都可能遇到，只是程度深浅不同罢了。所以若把人生比作一座山，那么每个人的起点不会有天壤之别，关键在于途中人们意识上的变化。

人生的精彩，在于坚定的信念

不适者被淘汰，欲速者不达，大多数人都会磕磕绊绊然后放弃。只有那些志在登顶，丝毫不会回头张望和犹豫的人，才可能看到峰顶与众不同的风景。因为高峰只对攀登它而不是仰望它的人来说才最有意义。就像苏轼的那句名言："古之立大事者，不唯有超世之才，亦必有坚忍不拔之志。"

"再坚持一下"，是一种不达目的誓不罢休的精神，是一种对自己所从事的事业的坚强信念，也是高瞻远瞩的眼光和胸怀。它不是蛮干，不是赌徒的"孤注一掷"，而是在通观全局的和预测未来后的明智抉择，它更是一种对人生充满希望的乐观态度。

胡里奥是世界著名的音乐家，由于他用世界上六国语言演唱的唱片已经销售了10亿多张，使他获得吉尼斯世界纪录创办者颁发的"钻石唱片奖"。在欧洲，胡里奥已经多年都是流行歌曲的榜首明星，《法国晚报》曾赞扬他为20世纪80年代的一号歌星。胡里奥假如没有雄心、勇气和铁一般的毅力，那么今天他可能只是一个默默无闻的残疾人。说来也奇怪，他的成功还是由于一起车祸事故引起的。

1963年9月，他和三个朋友沿着郊区的大路驱车向马德里家

第三章 成功是点滴的积累

中驶去，当时已过午夜，纯粹出于年轻人的胡闹，他把车速开到每小时100公里，驶到一个急转弯处，汽车陡然滑向一侧，一个跟头翻到了田里。当时没有人受重伤，过了一段时间，胡里奥感到胸部和腰部急剧的刺痛，伴随着呼吸困难和浑身发抖。神经外科专家诊断是脊椎出了问题，胡里奥瘫痪了，他被送到一个治截瘫病人的医院，脊柱检查发现：他背上第七根脊椎骨上长有一个良性瘤，随后做了外科手术把瘤摘除。但是胡里奥回家后腰部下面仍不能动弹，这种情形实在让人沮丧：胡里奥在几年后可能会恢复一点活动能力，但是进展缓慢，锻炼使得他筋疲力尽。胡里奥有时也很绝望，有位护士得知这情形，给了他一把价钱不贵的吉他，他开始无目的地拨弄起来，他发现这种乱弹乱奏给他消除了忧虑和无聊。这种乱奏引发他跟着哼起来，后来试着唱出几句，使他高兴的是，自己的嗓音还不错；手术后的四个月，胡里奥站在地板上、手抓着他家里楼梯的扶手，费力地试着举步上楼，他总算走出了迈向康复的第一步。

他每日的目标就是比头天多迈出一步，为了加强身体其他部位的锻炼，他沿着门厅不停地爬行四五个小时。慢慢

人生的精彩，在于坚定的信念

地，他能拄着拐杖沿着海滩缓慢费力地行走，而且每天早上，他在地中海里疲倦不堪地游上三四个小时。到那一年的秋天，他换成拄一根手杖行走。几个月后，他把手杖也扔到了一边，每天慢行10公里。

1968年，他于法学院毕业，他曾打算进外交使团。在那时，音乐仅是一种消遣，长期而孤独的恢复期使胡里奥产生了灵感，他总算写出了自己的第一首歌《生活像往常一样继续》。

作为一个世界性的音乐家，公众对他的接受有一个漫长的过程。在他用歌声征服拉丁美洲听众的过程中，他首先得征服村民们，使他们知道胡里奥是谁。1971年他在巴拿马时，身无分文，露宿在公园的长凳上。就在这种情况下，他也没有怀疑过美好的明天在向他招手。他身体上的复原让他决心不放弃任何梦想。1974年，他的唱片Manuel使他在法国成为第一个获得金唱片奖的西班牙歌手。

1978年，胡里奥和哥伦比亚广播唱片公司签了一项长期合同，花了六个月的时间录一张唱片，他先用西班牙语演唱，后来

第三章　成功是点滴的积累

用了法语、意大利语、葡萄牙语和德语唱。他同时还得花些时间录制用英语首次演唱的唱片。胡里奥·依格莱西斯的经历证明了他的箴言："人总有理由生存，总有理由奋斗！"这就是一个有雄心成大事者性格的真实写照。

有的人为了自己的梦想，可以坚持一年、两年、十年、二十年，甚至一辈子，至死不渝，在他眼里，想要成功就不能放弃，放弃就一定不会成功！

如果自己感觉不好，似乎已经到了一个承受的底线，那就要暗示自己再坚持一下。坚持是一种莫大的勇气，这种勇气往往可以创造奇迹。

何阳领到工资后，请母亲吃饭。母子俩来到一家门面比较好的饭馆，一打开菜单，何阳血往上涌：自己微薄的工资还不够点一道好菜！

为了请母亲吃顿好饭，为了证明自身的价值，何阳步入商海，开始了自己的职业策划生涯，最后终以"点子大王"名闻遐迩。

中国古代左氏失明而作《左传》，司马迁遭腐刑而作《史记》。成功不要太多的理由，有一足矣！

人生的精彩，在于坚定的信念

成功在于点滴的努力

平时，我总听有人说："如果我明天能中一百万就好了。""看到别人开公司当老板，我也很着急啊。"……我们在追求成功的道路上总是太过心急，总希望成功在一夜之间就可以到来，却很少有人肯脚踏实地，一点点地努力、奋斗。这些人心浮气躁，平时不努力，小事看不起，只想坐等机会到来，一举成功。结果往往是事大了不知如何下手，肉大了不知如何下口，最终一事无成。要知道，"不积跬步，无以致千里"，无论大成就还是小成绩，都需要努力才能实现，需要积累才能得到。无论是做企业还是做人，不能急于求成，不要眼高手低，光想做大事，不屑于那些小努力、小

第三章　成功是点滴的积累

成绩。只有大处着眼，小处着手，不断积累一点一滴的成绩，积累到一定程度突破临界点后，就会发生质变，就会突破现状，脱颖而出，达到新的境界，那将是更大的成功。

一个平时工作懒懒散散的年轻职员，在转正前一个月问老板："如果我兢兢业业工作一个月，你能给我转正吗？"老板答道："你的问题让我想到一个冷房间的温度计，你用热手捂着它，能使温度上升，但房间一点儿也不温暖。"

今天的成就是因为昨天奋斗的点滴积累，明天的成功则有赖于今天的努力。

其实，成功是一个过程，是将勤奋和努力融入每天的生活中，融入每天的工作中，人要建立起一个良好的工作习惯，也就是每天都坚持不懈地努力。一个成功的推销员用一句话概括他的经验："每天坚持比别人多拜访五个客户而已。"

荀子说："骐骥一跃，不能十步；驽马十驾，功在不舍。"成功不是靠一步登天，而是靠一步一个脚印走出来的，是经过长年累月的行动与付出累积而成的。

1986年，在美国职业篮球联赛开始之初，洛杉矶湖人队面临重大的挑战。因为在一年前，本来湖人队有很好的机会

赢得冠军，因为湖人队所有的球员都处于巅峰，出其不意的是，他们在决赛时输给了波士顿的凯尔特人队，这使得教练派特·雷利和所有的球员都极为沮丧。

湖人队的主教练为了使球员相信自己有能力登上冠军宝座，于是告诉大家：只要能在球技上进步1%，那个赛季便会有出人意料的好成绩。他说："1%的成绩似乎是微不足道的，可是，如果12个球员都进步1%，整个球队便能比以前进步12%，湖人队便终会赢得冠军宝座。"结果，在后来的比赛中，大部分球员进步不止5%，有的甚至高达50%以上，这一年湖人队轻轻松松夺冠了。

在我们的工作中也一样，如果我们在工作中每天进步1%，一年之后，我们会进步多少，连我们自己恐怕都无法想像。

两年前，我与出版商签订合同写一本书，当时我总共有一个月的写作时间，所以，在这一个月的工作日程表上，我每天都写着"写书"两个字。

但是一周很快就过去了，我还没有写出只言片语。在最后期限来临时，我的书也只是写了一个开头。这样，出版商只好再给我一个月的时间。在这一个月的时间内，我的工作

第三章　成功是点滴的积累

日程表上仍然天天写有"写书"两个字，但书却还没有写出来。最后，书商无可奈何地又给我一个月时间，不过这次要是再写不出来，那可就要撕毁合同了，我开始发愁了："这可怎么办？"

幸运的是，我遇到了《为自己奋斗》一书的作者韩娜，她给了我一个建议——化整为零。韩娜问我："你总共要写多少页书？"

我说："240页。"

韩娜又问："你总共有多少写作时间？"

"30天时间。"

韩娜说："很简单，只要你在工作日程表上写上'今天写8页'就行了。"

从此，我开始每天写8页，要是顺利的话，我一天可以写上10页，但不管是哪一天，我都至少写出8页来。就这样，在韩娜的指导下，我写出了这本书。从这件事，我明白了成功绝不可能一夜之间便能实现，而需要靠自己一点一滴地积累方能取得。

下面的故事能给我们很多启示：

人生的精彩，在于坚定的信念

有一位年轻人，在一家石油公司里谋到一份工作，任务是检查石油罐盖焊接好没有。这是公司里最简单枯燥的工作，凡是有出息的人都不愿意干这件事。这位年轻人也觉得，天天看一个个铁盖太没有意思了。他找到主管，要求调换工作。可是主管说："不行，别的工作你干不好。"

年轻人只好无奈地回到焊接机旁，继续检查那些油罐盖上的焊接圈。他心想，既然好工作轮不到自己，那就先把这份枯燥无味的工作做好吧！

从此，年轻人静下心来，细致耐心地工作，仔细观察焊接的全过程。他发现，焊接好一个石油罐盖，共用39滴焊接剂。

为什么一定要用39滴呢？少用一滴行不行？在这位年轻人以前，已经有许多人干过这份工作，从来没有人想过这个问题。这个年轻人不但想了，而且认真测算试验。结果发现，焊接好一个石油罐盖，只需38滴焊接剂就足够了。年轻人在最没机会施展才华的工作上，找到了用武之地。他非常兴奋，立刻为节省一滴焊接剂而开始努力工作。

第三章 成功是点滴的积累

原有的自动焊接机,是为每罐消耗39滴焊接剂专门设计的,用旧的焊接机无法实现每罐减少一滴焊接剂的目标。年轻人决定另起炉灶,研制新的焊接机。经过无数次尝试,他终于研制成功了"38滴型"焊接机。

使用这种新型焊接机,每焊接一个罐盖可节省一滴焊接剂。积少成多,一年下来,这位年轻人竟为公司节省开支5万美元。

一个每年能创造5万美元价值的人,谁还敢小瞧他呢?由此年轻人迈开了成功人生的第一步。

许多年后,他成了掌管全美制油业95%大权的世界石油大王——洛克菲勒。

当洛克菲勒被问及成功的秘诀是什么时,他总是说:"重视每一件小事。我是从一滴焊接剂做起的,对我来说,成功在于点滴。"

人生的精彩,在于坚定的信念

奋斗是为了自己

生命是属于自己的,生活的履历也需要你自己去填写,如果你总是抱着混日子的态度应付每一天,那么,你就是对自己不负责任,想要取得成绩,想要赢得别人的重视,更是痴人说梦。

无论是哪个组织、团队、单位都要定期地举办一些体育比赛活动,为什么?因为这有利于大家的集体荣誉感的激发。即使是平时消极沉默的人,在那个时候也能爆发出惊人的力量。荣誉有一种激发作用。一个人如果时刻具有荣誉感,他就能发挥自身的主动性,做出惊人的成绩。只有这样,才能在生存的竞技赛中脱颖而出。

第三章 成功是点滴的积累

如果一个人能够把努力工作看作一项荣誉的话，他就能比较容易地在工作中发挥自己的聪明才智和潜能，从而尽自己的才干做正直而高尚的事情。在工作中尽职尽责、一以贯之的人，获得晋升将是必然的。

面对困难不再逃避或闪躲，而是直面这些挑战，自强不息，进行反击，为了自己而奋斗。唯有这样，才能摆脱那些困难。

黛安娜·罗斯是美国歌坛的超级明星。她很年轻的时候就崭露头角，成为著名女子三重唱乐队的主打歌手。单飞以后获得了更为巨大的成功，许多她的成名歌曲不仅表述了她自己奋斗的历史和心声，也激励了千百万人。例如，她的著名歌曲《如果我们一起坚持下去》表达了一种自强不息的理念，是她的人生写照，也是她给年轻人的一份礼物。

她在其自传中，曾经提及了这样一段不为人所知的故事：

在我8岁的时候，有一天，我从小学哭着回家。当时我满脸通红，刚刚挨了一顿打。我告诉我的母亲，有个小子打了我耳光，我尽力躲避，但是没有躲开。

她抚摸着我通红的脸，问我："他为什么要打你？"

我回答:"我没有得罪他,他就是叫我'黑鬼',然后就打了我。"

妈妈的脸色突然变得非常冷峻,显然她非常生气。"你以后永远不要让别人叫你'黑鬼'并且打你。听着,我要你反抗和斗争,为你应该拥有的一切而斗争。"

一个星期后,仍然在学校里,有一些小坏蛋跟我过不去,骂我骂得非常难听,然后就笑着跑了。我知道,他们就是希望我不痛快,但是我不。我感到非常愤怒,并没有试图躲避,而是勇敢地面对他们进行了应有的反击。我和那伙小坏蛋并没有谁输谁赢的问题,重要的是我不再躲避,而是直面他们的挑战了。

从那时起,我做出了一个决定,我要反击那些欺负我的人,正如妈妈所说的那样,我一定会获胜,我一定不会再让自己难堪了。对我来说,至关重要的是,面对他人不公正的待遇时,我不再躲闪,而是懂得要自强,要反击,要为自己而奋斗。

这是我人生重大的转折点吧。

第三章 成功是点滴的积累

你的未来掌握在你自己的手里，是让它璀璨辉煌，还是让它暗淡无光，关键在你自己。

懂得为自己奋斗的人，会认真地对待自己已经到手的每一件事情，不断地提升自己的能力，让自己成为最重要的人，而不是消极地等待别人来给予自己机会，消极地等待别人来发掘自己的才智，因为他们懂得，在这个世界上，只有一个人能掌握自己的命运，那就是自己。

为自己而奋斗的人，绝不会满足于既有的成绩，也不会因为别人的夸赞就沾沾自喜。他们明白，这一次的结束，只是下一次的开始。在他们的眼里，只有不停地向前，不停地挑战自己，才能创造出更高的成就。尽管他们知道，每一次的前行都可能会是一次更为艰难的挑战，但为了成就自己，他们往往能够怀着先破而后立的勇气踏上新的征程。

人生的精彩，在于坚定的信念

不断奋斗就能成功

波士顿首席咨询师詹姆斯·A. M. 惠斯勒说："绝对不要满足，即使你非常能干，可是你有没有想过还有一些和你一样聪明的人在不停地奋斗着。"

爱默生说过："浅薄的人相信运气，相信环境。天真的人认为，由于某人正巧出生在这个家庭、叫这个名字或者碰巧在某个时间段，某个地方，才会发生那件奇妙的事，如果换了一天，就是另外一种情景了；而坚强的人相信因果，所有成功人士在这点上都是一致的。他们相信事物的运行有着自身的规律，但并不是靠运气；在最初和最终的事件之间，往往存在着密切必然联系，绝非偶然。"

第三章 成功是点滴的积累

要摆脱逆境,唯有奋斗!只有奋斗,才有开创出自己的新天地!唯有那些能战胜逆境,从逆境中奋起的人才能走向成功,才能得享成功的荣耀。思想是拓荒者,行动是实践者。

很多人都想知道,为什么自己怎么也无法成功?其实他们不知道最大的原因就来源于自己心中的障碍。因此,在面临生活中这样那样的不如意时,我们没有让自己更加勤奋的去工作。所以,勇敢地跨越自我极限,为你的未来奋斗吧,让自己得到进步。

在2006年,布什总统亲自为西点军校毕业生颁发证书,而全体毕业生的代表是一名21岁的华裔女孩刘洁,她以第一名的成绩毕业,她用奋斗的信念铸就了自己的辉煌。这一切,都离不开她不懈的努力奋斗。

刘洁,于1985年在美国弗吉尼亚州的里士满出生。她的父母作为20世纪70年代的中国留美学生,深知自立的重要性,于是努力引导女儿走上自学成才之路。

在她还上幼儿园的时候,母亲就问她:"小洁,你平常最喜欢什么?"

刘洁想了想刚要做回答,母亲立刻制止了她:"嘘!先不要告诉妈妈,妈妈要和你做一个项目研究,你每星期都

把自己最喜欢的人和事画在小本子上,妈妈帮你配上说明文字,你看妈妈是不是猜中了你画中的意思。这样等你长大了,你也知道自己最喜欢什么了!"

刘洁兴奋地叫道:"太好了。"

不久,刘洁的本子上就出现了一幅画,画里面是两位站着的穿将军服的军人。

妈妈在旁边的说明是:我的爷爷和太爷爷,他们都是大将军,看他们多威风啊!

第二幅图是,一个手持玩具枪的小女孩,扎羊角辫、身穿迷彩服。

旁白是:"这是长大以后的我,够神气吗?"

我们可以看出,刘洁心中的一个英雄是这样的:他身穿将军服,手中拿着枪,胸前配有好多的勋章。

她还告诉母亲:"将来我也要做一名大将军,阻止那些非正义的战争。"

有了这样强烈的信念,于是她勤奋学习,最终考取了西点军校。在大学四年之间,刘洁自我奋斗,以各门学科第一的成绩从西点军校毕业,同时还获得了英国剑桥大学的奖学金。这一切

第三章 成功是点滴的积累

都离不开她的奋斗。

毕业于西点军校的美国前总统威尔逊,就是顽强不息和自我奋斗的典范。

亨利·威尔逊出生在一个贫苦的家庭。当他还在摇篮里牙牙学语的时候,贫穷就已经向他露出了狰狞的面孔。

10岁那年,威尔逊离开了家去当学徒工,而且一当就是11年、他就是这么贫穷,即便如此,他每年还会花钱去接受一个月的学校教育。当然,他在艰苦的环境下,依然没有放弃自己对知识的渴望。

在经过11年的艰辛工作之后,他终于得到了1头牛和6只绵羊作为报酬。他把它们换成了84美元。这84美元可是威尔逊的血汗钱,他知道钱来得艰难,所以绝不浪费,他从来没有在娱乐上花过一美元,每美分的开销他都经过计算。

不知不觉,威尔逊已经21岁了,可是谁能想到,在这之前,他已经设法读了1000本好书,想象一下,每天需要干活儿,还需要学习,对一个农场里的我们来说,这是多么艰巨的任务啊。

在离开农场之后,威尔逊徒步到100英里之外的马萨诸塞

人生的精彩，在于坚定的信念

州的内蒂克去学习皮匠手艺。之后，他又风尘仆仆地经过波士顿，在那里，看到了邦克希尔纪念碑和其他历史名胜。大家试想一下，走了这么远的路，不得100多美元才行？可是，威尔逊竟然在整个旅程中仅仅花费了1美元6美分。

在度过了21岁生日后的第一个月，他就带着一队人马进入了人迹罕至的大森林，在那里采伐原木。威尔逊每天都是在天际的第一抹曙光出现之前起床，然后一直辛勤地工作到星星出来为止。经过一个月夜以继日的辛劳努力，他获得了6美元的报酬。

威尔逊知道，他越是贫穷，越要刻苦努力学习，刻苦为自己创造更多的机会。威尔逊下定决心，不让任何一个发展自我、提升自我的机会溜走。

很少有人能像威尔逊一样深刻地理解闲暇时光的价值。威尔逊像抓住黄金一样紧紧地抓住了零星的时间，不让一分一秒的时间无所作为地从指缝间白白地流走。这些奋斗的精神无不值得我们学习。

而相比之下，很多情况跟威尔逊儿时相同的人们，早已自暴自弃向命运屈服。只有他怀着一颗广博的心，努力奋

第三章 成功是点滴的积累

斗,积累知识,发展和提升自己。虽然每个月的收入很微薄,每天所从事的工作很繁重,但是对未来生活的美好憧憬就好比一根杠杆。

后来他当选为美国的第28任总统,获得了别人不曾想过的至高荣耀。12年之后,威尔逊通过自己的努力终于从"贫困"的处境中走出,他在政界脱颖而出。这一切,都是在奋斗中产生的。

有三只小鸟,它们一起出生,一起长大,等到都长大的时候,一起寻找成家立业的地方。

它们飞过了很多高山、河流和丛林,飞到一座小山上。

一只小鸟落到一棵树上说:"这里真好,真高。你们看,那成群的鸡鸭牛羊,甚至大名鼎鼎的千里马都在羡慕地仰望我呢。能够生活在这里,我们应该满足了。"

它决定在这里停留,不再往前飞了。

另两只小鸟继续飞行,它们的翅膀变得更强壮了,终于飞到了五彩斑斓的云彩里。其中一只陶醉了,情不自禁地引吭高歌起来。它沾沾自喜地说:"我不想再飞了,这辈子能飞上云端,便是最大的成就了。"

人生的精彩，在于坚定的信念

另一只鸟说："不，我坚信一定还有更高的境界。遗憾的是，现在我只能独自去追求了。"说完，它振翅翱翔。最后，落在树上的小鸟成了麻雀，留在云端的成了大雁，飞向太阳的成了雄鹰。

一个很明确的答案就是：人生活着的目的只不过是找到适合自己的那个盈利模式，并争取自己做人的尊严及话语权，在不违背天地之道的情况下成为一个自由而快乐的人。在现实的生活中更真实、更自然、更快乐地表达自己、表现自己，人生不过如此。

付出的奋斗不一样，就会有不一样的结果。麻雀只飞到树梢，所以它的世界只有几丈之高。而大雁飞到了云层，所以它永远都飞不出层层云雾的缠绕。雄鹰则不懈地去追求，不断地去奋斗，所以它的世界阔及宇宙。

所以，只要我们在明确了属于自己的高度之后，通过自己的不断努力奋斗，我们就能走向成功！在我们的人生过程中，我们要像西点人所认识的一样：不懈地奋斗，决定一个人的命运高度。

朋友们，振奋精神重新上路吧。繁星永远在天空中为你们照路。

第四章

一切皆有可能

第四章 一切皆有可能

一切皆有可能

当我们翻开那些成功人士的个人自传时,我们就能看到他们之所以能够攀登事业的高峰,与他们身上所具备的责任感、强烈的进取心、百折不挠的毅力、锲而不舍的精神,以及难以动摇的自信心是分不开的。这正好说明了,一个人不管他的天赋和受教育程度有多高,能力有多大,他在自己所取得的事业上的成就总不会高过他的自信。这就是说,一个人如果你认为能,你就可能成功;如果你认为你不能,那么你就根本不可能成功。

中国著名的配音演员李扬,曾被戏称为"天生爱叫的

人生的精彩，在于坚定的信念

唐老鸭"。他在初中毕业之后就参了军，在部队上的时候，他是一位工程兵。当然了，他作为工程兵，主要工作就是挖土、打坑道、运灰浆、建房屋。可是李扬没有因为从事这些工作就看不起自己，他明白，他自己身上潜藏的宝藏还没有开发出来，那就是自己一直钟爱的影视艺术和文学艺术。

在很多人看来，李扬所从事的工作与他后来的工作简直是风马牛不相及。但李扬却坚信自己在这方面有潜力，应该努力把它发掘出来。于是他就抓紧时间工作，认真读书看报，博览众多的名著剧本，并且尝试着自己搞些创作。退伍后，李扬成了一名普通工人，但是他仍然坚持不懈地追求自己的目标。到了1978年，国家恢复了招生考试，李扬考上了北京工业大学机械系，成了一名大学生。从此，他用来发掘自己身上宝藏的机会和工具都一下子多了起来。经过几个朋友的介绍，李扬在短短的5年中参加了数部外国影片的译制录音工作。这个业余爱好者凭借着生动的、富有想像力的声音风格，参加了《西游记》中的孙悟空的配音工作。1986年初，他迎来了自己事业中的辉煌时期，风靡世界的动画片

第四章 一切皆有可能

《米老鼠和唐老鸭》招聘汉语配音演员，风格独特的李扬一下子被迪斯尼公司相中，为可爱滑稽的唐老鸭配音，从此一举成名。李扬说，自己之所以成功，是因为一直没有停止过挖掘自己的长处。

由此看出，每个人身上都有属于自己的宝藏，而开启宝藏的钥匙都在自己的手中，轻言放弃，不可能走向成功。每一个人的背后，同样有着一个强大的信心，如果你对自己不自信，同样会走向失败。所以，拿破仑·希尔曾经肯定地说过："信心是生命的力量。"信心是奇迹。信心是成大事、立大业的根本。

也许你现在并不如意，但你只要给自己一份必然走向成功的信心，你才能使自己在向目标奋进的过程中充满热情，全身心地投入到事业中去，最大限度地发挥出更多的才能。也就是说，对于一个渴望成功的人来说，一定要使自己拥有一份足够强大的自信心。因为信心坚定的人，绝对不会轻易认为自己无能。因为在他们思想上已经铲除了妄自菲薄、压抑自我的想法。由于他们有了成功的信心，也就有了刻苦学习、挖掘潜能、寻找机会的毅力和积极心态。这样的毅力和心态，无疑相当于汽车的"马达"，有了"马达"再加上

人生的精彩，在于坚定的信念

"汽油"——勤劳的汗水，汽车就能开动行驶了。

俗话说"有志者事竟成"，所谓有志者就是有信心的人。爱迪生为发明电灯，失败了5万次也没有放弃，终于成功了；从未学习过汽车制造技术，也没有什么学历的福特，在20多岁的时候进入到汽车制造业，经过他20多年不懈地努力奋斗之后，不但制造出了汽车，而且还成了有名的汽车大王。对每个人的人生来讲，树立一个目标，孜孜以求，日积月累，到最后就一定可以达到自己所追求的目标。世界上绝对没有不能成功的事，只有不敢想象成功或不愿意走向成功的人，才不能走向成功。所以，事情成功与否并不完全取决于我们的主观判断，我们认为不可能的事情往往会变为可能。每种事情都有发生的可能，我们千万不要给自己设限。即使在你失意的时候，千万不能放弃你的决心和斗志，更为关键的是你能不能正确地意识到什么是自己最擅长的，尽管因为现实的某些原因不得不在现在的位子上呆着，但总要设法找到自己的宝藏，并努力去开采它。

在安东尼13岁的时候，他就立志要当一位体育记者。正因为他有了这个梦想，所以他非常关心这方面的报道。有一天，他从报纸上看到胡华柯塞尔要到一家百货公司签名售

第四章 一切皆有可能

书,他认为自己的机会来了。在他看来,要想成为一名体育记者,你就必须想方设法地去访问那些著名的顶尖专家。在安东尼有了这个主意后,他就借了录音机去采访。当他到达现场的时候,柯塞尔正起身准备离去,见此情景,安东尼有点儿慌,尤其是看到许多记者都在围着柯塞尔提问最后一个问题,他更加感到不知所措。不过,安东尼很快就使自己恐慌的心安静了下来,他钻进人群,挤到柯塞尔面前,用连珠炮的速度说明来意,并问柯塞尔能否接受简单的采访。出人意料的是,柯塞尔接受了采访。

正是这次采访,从而改变了安东尼的看法,使他相信凡事皆有可能,没有人不能接近,只要敢开口便能得到。

所以说,只要我们把成功寓于必胜的信念中,我们就能把不可能的事变成可能。如果一个人对人生或对一件事没有信心,就会意念消极,行动也不会得力,遇到困难或挫折就十分容易让步或退却,那当然就更谈不上成功了。

人生的精彩，在于坚定的信念

不放弃就有机会

一位成功人士曾这样认为，不热烈、坚强地希求成功而能取得成功，天下绝无此理。成功的先决条件就是自信。河流是永远不会高出于其源头的。人生事业之成功，亦必有其大源头，而这个源头，就是梦想与自信。因为自信是一股巨大的力量，只要有一点点信心就可能产生神奇的效果，也就是说，只要你领悟"你能够，是因为你想你能够；他不能够，是因为他想他不能够"这句话，你就没有理由不相信自己。此时，在你看来，自信心是比金钱势力、家世亲友更有助于你成功的东西，它是人生最可靠的资本。它能使人克服困难，排除障碍，使人的事业终于成功，它比什么东西都更有效。

第四章 一切皆有可能

这就是说，自信是人生最宝贵的资源之一，它可以使你免于失望，使你无论遇到什么困难与挫折都不会放弃。这正如陈安之所说："不管做什么事，只要放弃了就没有成功的机会；不放弃，就会一直拥有成功的希望。"如果你有99%想要成功的欲望，却有1%想要放弃的念头，这样的人是没有办法成功的。人们经常在做了90%的工作后，放弃了最后让他们成功的10%。这不但浪费了开始的投资，更丧失了历尽艰辛发现宝藏的喜悦。

美国石油大王哈默在1956年的时候，购买了西方石油公司。在那个年代，油源竞争非常的激烈，美国的产油区基本被大的石油公司瓜分殆尽，哈默一时无从插手。1960年，他花费了1000万美元勘探基金而毫无所获。这时，一位年轻的地质学家提出旧金山以东一片被德士古石油公司放弃的地区，可能蕴藏着丰富的天然气，并建议哈默公司把它买下来。哈默筹集资金，在被别人废弃的地方开始钻探。终于钻出加州第二大天然气田，价值2亿美元。

所以，无论我们做什么事，都要丢掉那些不知从何而来的黯淡的念头，鼓起勇气去面对艰苦的人生。没有自信，便没有成功。一旦获得了巨大成功的人，首先是因为他自信。

有人说，自信是成功的一半，但它毕竟还不是成功的全部。若不充分认识这一点，有一天你会连原来的一半也丧失掉。自信的人依靠自己的力量去实现目标，自卑的人则只有依赖侥幸去达到目的。这就像一个人如果把自己定位在意志坚强的基础上，就像冬天的野草，尽管历尽严寒，但是它们依然坚强的坚持着，一直到春暖花开，重新发芽成长；把自己定位在意志薄弱的基础上，如同一株幼草，一旦被风吹折，便再也站不起来，也就永远错失了成功的机会。

有一位女孩从小就梦想成为最著名的演员，18岁的时候，她就开始在一家舞蹈学校学习，三个月后，她被学校的老师认为是这个学校有史以来最差的学生，于是学校让她失去了学习的机会。

这个女孩退学后，她在两年多的时间里靠打零工谋生。但是，她并没有放弃自己的梦想，在工作之余，她申请参加排练，即使排练没有报酬，她也心甘情愿。

但是，生活对她的打击远不止如此，两年后，她又得了肺炎。医生告诉她，她的双腿已经开始萎缩，以后可能再也不能行走了。已是青年的她，带着演员梦和病残的腿，回家休养。

第四章 一切皆有可能

回到家之后,她也没有放弃自己的梦想,她认为自己一定能够重新站起来,重新走路。经过两年的痛苦磨炼,无数次的摔倒,她终于能够走路了。就这样,时光飞逝,又过了18年,她还是没有成为她梦想的演员。

她就这样不知不觉地活到了40岁,那一年,她终于有了一次机会,就是扮演一个电视角色,这个角色对她非常合适,她终于成功了。在艾森豪威尔就任美国总统的就职典礼上,有2900万人从电视上看到了她的表演,英国女王伊丽莎白二世加冕时,有3300万人欣赏了她的表演……

这个女孩是谁呢?她就是露茜丽·鲍尔,在她成名后,她的电视专辑影响了很多人。但观众看到的不是她早年因病致残的跛腿和一脸的沧桑,而是一位杰出女演员的天才能力,看到的是一个不言放弃的人,一位战胜一切困苦终于梦想成真的人。

每个人能够存活在这个世界上就有他存在的必要性,只要我们永不言弃,成功就属于我们。只要我们坚持下去,坚持自己的梦想,总会有成功等在前面。人生没有什么可怕的,可怕的就是自己放弃成功的机会。

人生的精彩，在于坚定的信念

相信自己是最棒的

我们每一个人都是非常珍贵的，都是独立的、特别的。如果我们连自己都不相信，都不爱惜自己，不关心自己，那么，我们还奢望谁能相信我们，爱惜我们，关心我们呢！我们应该知道，谈到成功，那是我们共同的目标，我们无论是健康的身体、超人的智慧、巨大的财富、美满的家庭，还是良好的人际关系，都是成功的一种体现。可是现实生活中，成功好像离我们太远了，它不仅躲着我们，还处处刁难我们，即使已经成功在望，最后也有可能擦肩而过。于是，有人开始抱怨自己生不逢时，有人哀叹自己运气不佳，也有人觉得自己生来就不如别人，干脆随波逐流，甘于平庸。

第四章 一切皆有可能

那么，到底具备什么样的素质才能成功呢？陈安之说："一般人经常有的恐惧，就是害怕被拒绝，害怕失败，为什么害怕，因为觉得自己不够好，因为他不够喜欢自己。如果让你喜欢你自己，你必须重复地念着：'我喜欢我自己，我喜欢我自己，我喜欢我自己，我是最棒的，我是最棒的！'"其实，成功是一种结果，真正的原因在于成功人士的想法。一个人之所以会成功，是因为他的思想与别人不一样，如此而已。

作为百度的当家人，李彦宏也有过比较郁闷的时候。2006年百度可谓是处在舆论的风口浪尖上，裁员事件、员工被杀、与天极的官司……接连不断的困扰，并没有影响李彦宏在互联网搜索业务上的信心，百事缠身的他更喜欢说："五年以后我希望很难看到goole。"

相信自己才能让自己做到最好，才能在困难和压力面前依旧从容镇定。

有一句名言说得很好："相信自己能，就会攻无不克！"积极的心理暗示在一定程度上对于一个人的成功起着至关重要的作用，做营销的人都知道，要使自己的营销成功，最基本的想法就是要认为自己是最棒的，自己所销售的

产品是最棒的，这样在各种各样的场合，才能精准地向客户描述自己的产品，进行成功销售。很多传销公司在训练员工时常采用魔鬼训练方式，即把员工带到人多的地方，让他们依次对着陌生人大喊："我是世界上最优秀的，我一定能成功！我一定能成功！"经过这种训练后，员工的心理素质有很大改观。

来自哈佛大学的一个研究发现，一个人的成功85%取决于他在顺境或逆境中是否能保持坚定不移的成功信念，而只有15%取决于他的智力和其他因素。

"人生伟业的建立，不在能知，乃在能行"，"行"乃是扭转人生最有力的武器。只要我们立即行动，成功就会很快地到来，但不同的行动又会产生不同的结果，从不同的结果中又会产生新的行动，把我们带向不同的方向，也正是这样的循环不息，才使我们有了不同的人生。这就是为什么那些成大事者能够脱颖而出的原因，这些人不但具备了行动力，他们还有着不同于一般人的行动方式，从而使他们与众不同。既然人生如此，我们还能奢望什么呢？我们只有掌握好自己行动的方向，然后采取正确的行动，我们才能制订出人生终极的目标，才能实现人生的自我价值。

第四章 一切皆有可能

没有什么不可能

在某些人面前，自己感觉处于劣势的时候往往是不能发挥出应有水平的时候，这是在一般人看来是这样，但对一些成功者看来，他们认为有时候要达到成功并不需要特别的信念和态度，他们之所以能够成功，主要是他们具备了充分的自信。正因为这样，在别人误以为不能成功的时候，他们恰恰走向了成功。

每个人的内心都隐藏着一种信心，信心是人的一种本能，天下没有一种力量可以和它相提并论。在现实生活中，我们经常认为一个人的成就往往受到环境的影响，在他们看来，生活在什么样的环境中就会有什么样的人生。这种说法

人生的精彩，在于坚定的信念

是不对的，因为影响我们人生的绝不是环境，也绝不是遭遇，而是我们持什么样的信念。

在一堂数学课上，有一个学生在课堂上睡着了，直到下课铃声响的时候，他才醒过来。当他醒来的时候，同学们都已经走了，他只是在黑板上看到了两道题目，他以为是当天的家庭作业，他就把这两道题抄了下来，带回家去做。到了家之后，他花了整夜演算，最终算了出来，并把答案带到课堂上。老师见了不禁瞠目结舌，原来那题本来是认为无解的。

这个学生的行为说明了什么？说明了最不可能成功的恰恰是最可能的成功。古往今来，很多有成就的人都是无心插柳柳成荫的，他们在开始的时候都认为自己不能做成什么事，结果他们却在不经意间做到了。

这也许符合了人们所说的适者生存吧。只有我们适应环境，就能克服一切困苦、一切艰难，从而实现自己的目标。

所以，各位朋友，千万不要在那儿"想"成功了。只想不做是不会成功的。我们活着的目的本来只有"成功"二字，我们不能永远在一种犹豫迟疑、畏缩不前中生活下去，我们要下定决心，拿出一些真正的行动来改变我们的人生。如果我们能够从林肯、华盛顿、格兰特等人的身上学到果敢坚毅，那么，我们的前

第四章　一切皆有可能

途一定希望无穷。因为一个具备勇往直前的人，在他的字典上绝找不出一个"怕"字，他对于任何事情只知埋头去干，永不退缩。即使是他到了紧急关头，也不会退缩不前，意志消沉，他一定会意志坚定，始终不动摇，结果他就一定会成功！

我们只有依靠自己、相信自己、挖掘自己、发挥自己，才能主宰自己。我们可以说"意志"乃是一切改变的动力，它可以改变一个人、一个家庭、一个国家和整个世界的命运。

歌星毛宁曾经当了八年的运动员，八年过去了，他仍然是个名不见经传没得过什么奖项的二线选手。后来他转行向演艺方面发展，一曲《涛声依旧》让他红遍大江南北，成为家喻户晓的著名歌星。

鲁迅和郭沫若在成为一代文豪之前都曾经学医，但是他们在医学上的成就远远没有他们在文学上的成就那么大；爱因斯坦在小学的时候被认为是最笨的学生，老师觉得他是个低能儿，更没有想到多年之后他会成为世界著名的伟大科学家。

从上述事例可以看出，如果你是一位强者，如果你有足够的勇气和毅力，失败只会唤醒你的雄心，让你更强大。比彻说："失败让人们的骨骼更坚硬，肌肉更结实，变得不可战胜。"

第五章

保持一颗平常心

第五章 保持一颗平常心

保持一颗平常心

在我们的生活中，如果我们带着怒气去做事，就很容易使我们失去理智，做出一些荒唐的事情来。一旦你意识到你正在发怒，你首先要做的是中断你正在做的事情，消除怒气，等到心平气和了再重新开始做事。英国著名作家萧伯纳说："人生有两种悲剧，一种是欲望不能得到满足，另一种是欲望得到满足。"

居里夫人曾两度获得诺贝尔奖，她是怎样对待自己出名的呢？得奖出名之后，她照样钻进实验室、埋头苦干，而把荣誉和成功的金质奖章给小女儿当玩具。有的客人见了感到

人生的精彩，在于坚定的信念

很惊讶。居里夫人笑了笑说："我想让孩子们从小就知道，荣誉就像玩具，只能玩玩而已，绝不能永远地守着它，否则你将一事无成。"

而有的人却不是这样，他们做出了点儿成绩，出了点儿名之后，便沾沾自喜起来，自以为功成名就了，就可以天天吃老本了，从此便失去了新的奋斗目标。鲁迅说："'自卑'固然不好，'自负'也是不好的，容易停滞。我想顶好是不要自馁，总是干；但也不可自满，仍旧总是用功。"

《菜根谭》上说："此身常放在闲处，荣辱得失谁能差遣我；此身常在静中，是非利害谁能瞒昧我。"意思是说，经常把自己的身心放在安闲的环境中，世间所有的荣华富贵和成败得失都无法左右我，经常把自己的身心放在安宁如常的环境中，人间的功名利禄和是是非非就不能欺骗蒙蔽我了。

在社会竞争日益激烈的今天，有一种平和的心态，对身体的健康和事业的成败都是至关重要的。当然，平常心是一种经历挫折和失败，不断努力奋斗才能历练出自己的人生境界。要想保持平常心，看到别人享受荣华富贵不羡慕，看到别人拥有万贯家财而不嫉妒，珍惜自己目前所拥有的一切。你要不为虚荣所诱；不为权势所惑；不为金钱所动；不为美

第五章 保持一颗平常心

色所迷;不为一切浮华沉沦。

从精神上摆脱过多的物欲和得失心理,懂得欣赏他人的荣耀、成就和美丽。保持平常心就是对一切身外之物,功名利禄、荣华富贵视为过眼云烟,保持一颗淡泊、宁静的心。它是人生的一种智慧,更是一种坚持。

欧玛尔是英国历史上唯一留名至今的剑手。他有一个与他势均力敌的敌手,他同他斗了30年还不分胜负。在一次决斗中,敌手从马上摔下来,欧玛尔持剑跳到他身上,一秒钟内就可以杀死他。

但敌手这时做了一件事——向他脸上吐了一口唾沫。欧玛尔停住了,对敌手说:"咱们明天再打。"敌手糊涂了。

欧玛尔说:"30年来我一直在修炼自己,让自己不带一点儿怒气作战,所以我才能常胜不败。刚才你吐我的瞬间我动了怒气,这时杀死你,我就再也尝不到胜利的感觉了。所以,我们只能明天重新开始。"

这场争斗永远也不会开始了,因为那个敌手从此变成了他的学生,他也想学会不带一点儿怒气作战。

由此可以看出,在我们的人生中,我们要快乐地品尝人

生的盛宴，需要每个人拥有一份荣辱不惊、不卑不亢的平常心态。当我们出入豪华场所，用不着为自己过时的衣着而羞愧；遇见大款老板、高官名人，也用不着点头哈腰，不妨礼貌地与他们点头微笑；即使身份卑微，也不必愁眉苦脸，要快乐地抬起头，尽情地享受阳光；即使没有骄人的学历，也不必怨天尤人，而要保持一种积极拼搏的人生态度。我们用不着羡慕别人美丽的光环，只要我们拥有一份平和的心态，尽自己所能，选择人生的目标和生活，勇敢地面对人生的种种挑战，无愧于社会和他人、无愧于自己，那我们的心灵圣地就一定会阳光灿烂，鲜花盛开。

保持一颗平常心，是一门生活艺术，更是一种处世智慧。人生在世，生活中有褒有贬，有毁有誉，有荣有辱，这是人生的寻常际遇，不足为奇。古往今来万千事实证明，凡事有所成、业有所就者无不具有"荣辱不惊"这种极宝贵的品格。荣也自然，辱也自在，一往无前，否极泰来。

在现实生活中也免不了会遭到不幸和烦恼的突然袭击，有一些人，面对从天而降的灾难，处之泰然，总能使平常和开朗永驻心中；也有一些人面对突变而方寸大乱，甚至一蹶不振，从此浑浑噩噩。为什么受到同样的心理刺激，不同的

第五章 保持一颗平常心

人会产生如此大的反差呢?原因在于能否保持一颗平常心,及时冷静地应变。

一些古今中外的伟人,他们遇事不慌,沉着冷静,正确判断所处局势,及时应变,取得了令人瞩目的成就。一般来说,人们只要不是处在激怒或疯狂的状态下,都能够保持自制并做出正确的决定。健康正常的情绪,不仅平时可以给生活带来幸福稳定和生活畅快,而且能在大难临头的时候,帮助你逢凶化吉,转危为安。

保持平常心绝不是安于现状。人类的伟大在于永不休止的渴望和追求,历史的嬗变在于千百万创造历史的人们永无休止地劳作。生命是一个过程,而生活是一条小舟。当我们驾着生活的小舟在生命这条河中缓缓漂流时,我们的生命乐趣,既来自于与惊涛骇浪的奋勇搏击,也来自于对细波微澜的默默深思;既来自对伟岸高山的深深敬仰,也来自于对草地低谷的切切爱怜。所以我们平常的生命,平常的生活一经升华,就会变得不那么平常起来。因为生命和生活是美丽的,这种美丽,恰恰蛰伏于最容易被我们忽略的平平常常之中。没有把平常日子过好的人,体味不到人生的幸福,没有珍惜平常的人,不会创造出惊天动地的伟业,因为平常包容

着一切，孕育着一切，一切都蕴含在平常之中。

保持平常心是人生的一种境界，平常心不是平庸，它是源于对现实清醒的认识，是来自灵魂深处的表白。人生在世，不见得权倾四方和威风八面，也就是说最舒心的享受不一定是物欲的满足，而是性情的恬淡和安然。

在生活中随遇而安，纵然身处逆境，仍从容自若，以超然的心情看待苦乐年华，以平常的心境迎接一切挑战。平常心是一种人生的美丽，非淡泊无以明志，非宁静无以致远。不做作、不虚饰，洒脱适意，襟怀豁然，平常心不仅给予你一双潇洒和洞穿世事的眼睛，同时也使你拥有一个坦然充实的人生。

第五章　保持一颗平常心

正确地衡量得失

巴尔扎克说:"在人生的大浪中,我们常常学船长的样子,在狂风暴雨之下把笨重的货物扔掉,以减轻船的重量。"

在很久以前,有一对哥俩在外面发了大财,身上背负许多金银珠宝返乡。途中遇到一群盗寇追杀。最后哥俩被一条河流拦住去路,不得已只能涉水渡河。

在岸边,老大望着湍急的水流对老二说:"水流太急,游到水中,若是觉得力不从心,就丢掉一点儿背上的金银珠宝,继续向对岸游;若再感到体力不支,就继续再丢,保住自己的性命才是最重要的!"

人生的精彩，在于坚定的信念

老二听了点点头。此时，盗寇者跟踪而至，老大老二急忙纵身入水，向对岸泅渡，没多久，老二就觉得颇为吃力，于是扔掉一半背上的金银珠宝。到了水中央，老二仍感体力难支，又把另一半也扔掉了！

老二筋疲力尽地上了岸，回头一看，老大还在离岸很远的水中挣扎，眼看就要沉下去了！此时，老二大喊："快扔掉金银珠宝！"

老大听到喊叫，也想解开背着的包袱，扔掉金银珠宝，可是，他已经没有解开包袱的力气，最终葬身水底。

当人生的负重太多时，我们也应该学着这个故事里的老二一样，把一些笨重的货物抛弃。可是有些人心里总是犹豫不决，舍不得扔掉一点点东西，就像文中的老大一样，最后落了个葬身水底的结局。

人们常说："舍得，舍得，有舍才有得。"人要学会"舍得"，不能太贪，不能企盼"全得"。通俗地说，"舍"就是放弃。若是上文中的老大舍得放弃金银珠宝，他绝对不会丢掉性命，他的丧命正是不舍得放弃的结果。

其实，得失都是一样，有得就有失，得就是失，失就是

第五章　保持一颗平常心

得。如果一个人的思想到了最高境界,应该是无得无失。

《老子》中说:"祸往往是与福同在,福中往往就潜伏着祸。"得到了不一定是好事,失去了也不见得是件坏事。正确地看待个人的得失,不患得患失,才能真正有所收获。人不应该为表面的得到而沾沾自喜,认识人,认识事物,都应该认识他的根本。得也应得到真的东西,不要为虚假的东西所迷惑。失去固然可惜,但也要看失去的是什么,我们得到的又是什么。

古时候,在长城以外的地方,住着一个老头,他有个酷爱骑马的儿子。有一天,他家的一匹马逃到了塞外的大草原里。这时,乡亲们都替他惋惜,怕他受不了,都过来好言相劝:"你丢失一匹骏马,这真是个大损失。但你千万要想开点儿,保重身体要紧。"这时,老头却十分平静地说:"没关系的,丢失好马虽然是一大损失,但说不定这会成为一件好事呢!"

真是"老马识途",过了些时日,那匹马奇迹般地跑回来了,并且还带来一匹北方少数民族的良马。众乡亲闻讯,纷纷前来道喜。这时,老头又意味深长地说:"谁知道这不会变成一件

人生的精彩，在于坚定的信念

坏事呢？"家里又多了一匹良马，老头的儿子太高兴了，天天骑马出去玩。有一天，他骑得太快，一不小心从马背上掉下来，把大腿骨摔断了。这时左邻右舍又来探望他、安慰他。这时站在一旁的老头不紧不慢地说："谁知道这不会成为一件好事呢？"众人听了都不明白这句话是什么意思。

又过了一年，北方的部落大举入侵塞内，青年男子都被抓去当兵，这些被抓的人十个有九个死于战场。而这个年轻人却因为跛脚未上前线，保全了一条性命。

这就是"塞翁失马"的故事，它反映了古代劳动人民朴素的辩证思想，告诉我们祸与福可以在一定条件下互相转化。"祸"常常与"安知非福"连在一起。告诉人们对任何事情要能够想得开、看得透。要以顺其自然的平静心态把握得和失，不抱怨，不叹息，不堕落，胜不骄败不馁。

舍弃是一种顾全大局的果敢。有谋略的军事家面对即将全军覆没的境况时，他会说：三十六计，走为上计；有远见的企业家在面临破产清算时会说：留得青山在，不怕没柴烧。

在做了某项决策时，应该首先在心里默念一次：有舍才有得，舍就是得，无舍便无得。做人不能因得而猖狂，也不

第五章　保持一颗平常心

必因失而绝望。走出患得患失的阴影，只要我们做到知足常乐、淡泊名利，我们就能保持良好的心态，顺利地从事着自己喜好的事业。

人生的精彩，在于坚定的信念

把忧虑清出你的头脑

忧虑是一种目前流行的社会通病，几乎每个人每天都花费大量的时间为未来而担忧。他们为自己、家人和社会的未来而忧虑；他们担心自己的身体会出现毛病，他们害怕别人与自己中断关系，他们担心自己所处的社会变得一团糟——不能说他们完全是"杞人忧天"，但这种行为至少也是一种毫无益处的行为。这就像席勒说的："烦恼像一把摇椅，它可以使你有事可做，但却不会使你前进一步。"

与内疚悔恨一样，忧虑也是我们生活中常见的一种最消极而毫无益处的情绪，是一种极大的精力浪费。当你悔恨时，你会沉迷于过去，由于自己的某种言行而感到沮丧或不

第五章 保持一颗平常心

快,在回忆往事中消磨掉自己现在的时光。当你产生忧虑时,你会利用宝贵的时间,无休止地考虑将来的事情。对我们每个人来说,无论是沉迷过去,还是忧虑未来,其结果都是相同的:你在浪费目前的时光。

当你具体地审视这两个人生的误区时,就会发现它们存在着一些相似与关联之处;或者说,二者是一个问题中两个相对的方面:内疚悔恨意味着你生活在现实中,由于过去的某些行为而使你产生惰性;而担心未来则是你在现时情况下因将来的某件事而陷入惰性,而你所忧虑的事情往往是自己无法左右的。虽然前者针对过去,后者针对未来,但它对现时的你都产生同样的效果:让你烦恼并产生惰性。

有位作家曾如此写道:给人们造成精神压力的,并不是今天的现实,而是对昨天所发生事情的悔恨,以及对明天将要发生事情的忧虑。我一周至少有两天是绝不会烦恼的。我在这两天内也是无忧虑的,并且丝毫不会为之而感到担忧和烦恼。这就是昨天与明天。

当威利·卡瑞尔年轻的时候,他在美国纽约水牛钢铁公司做事。

有一次,他去密苏里州水晶城的匹兹堡玻璃公司去安装

人生的精彩，在于坚定的信念

一架瓦斯清洁机，目的是清除瓦斯里的杂质使瓦斯燃烧时不至于伤到引擎，这是当时清洁瓦斯的最先进的方法。可是等他到了水晶城工作的时候，发现有很多事先没有想到的困难都发生了。瓦斯清洁机经过调整后，机器可以使用了，但清除效果没有达到所规定的标准。

卡瑞尔说："我对自己的失败非常吃惊，觉得好像是有人在我头上重重地打了一拳。我的胃和整个肚子都开始扭痛起来。有很长一段时间，我担忧得简直没有办法睡觉。

"最后，我想忧虑并不能够解决这个问题。于是我想出一个不需要忧虑就可以解决问题的办法，结果非常有效。我这个克服忧虑的办法，已经使用了30多年。其实这个办法没有什么玄机，它非常简单，任何人都可以使用。共有三个步骤如下：

"第一，我先是无所畏惧，诚恳地分析了整个情况，先找出万一失败可能发生的最坏的情况是什么。没有人会把我关起来，或者把我枪毙，这一点说得很准。不错，很可能我会丢掉差事；也可能我的老板会把整个机器拆掉，使投下去

第五章 保持一颗平常心

的两万块钱泡汤。

"第二,找出可能发生的最坏的情况之后,我就让自己在必要的时候能够接受它。我对自己说,这次的失败,在我的记录上会是一个很大的污点,可能我会因此而丢差事。但即使真是如此,我还是可以另外找到一份差事。事情可以比这更好,至于我的那些老板,他们也知道我们现在是在试验一种清除瓦斯新法,如果这种实验要花他们两万美元,他们还付得起,他们可以把这个账算在研究费用上,因为这只是一种实验。

"发现可能发生的最坏情况,并让自己能够接受之后,有一件非常重要的事情发生了。我马上轻松下来,感受到几天以来所没体验过的一份平静。

"第三,从这以后,我就平静地把我的时间和精力,拿来试着改善我在心理上已经接受的那种最坏情况。

"我努力找出一些方法,让我减少我们目前面临的两万元损失,我做了几次实验,最后发现,如果我们再多花5000元,加装一些设施,我们的问题就可以解决。我们照这个办法去做

之后，公司不但没有损失两万元钱，反而还赚了15000元钱。

"如果当时我一直担心下去的话，恐怕再也不可能做到这一点。因为忧虑的最大坏处，就会毁了我集中精神的能力，从而会把事情弄得更不好。"

卡瑞尔用自己的方式克服了心理上的忧虑问题。他先是正视了现实，做了最坏的打算，然后，积极着手行动，最终走出了忧虑，这是非常可喜可贺的事情。而当前有很多人还没有从忧虑中走出来，他们就没有卡瑞尔这么幸运了，甚至有的在忧虑之中苦苦挣扎、欲罢不能等等。这对个人而言是极其有害的。

培根说："经得起各种诱惑和烦恼的考验，才算达到了最完美的心灵健康。"忧虑，即担忧、惦念，如果一个人长时间的担忧、惦念就不好了，忧虑的最大坏处在于，它会毁了你集中精神的能力，如果一个人在忧虑的时候，他的思想会到处乱转，而丧失做决定的能力。

一些心理学家认为，没有什么能比忧虑使一个女人老得更快，忧虑会使她们的表情很难看，会使她们的脸上长满皱纹，也会使她们愁眉苦脸、头发灰白，甚至头发脱落。还会使她们脸上的皮肤产生斑点、溃烂和粉刺。忧虑就像不停地

第五章　保持一颗平常心

往下滴的水，滴滴的忧虑使你心神丧失。

忧虑有如一个无形的杀手，它如此消极而无益，与其你是在为毫无积极效果的行为浪费自己宝贵的现实，你就不如消除这一弱点。其实，对许多人来讲，他们所忧虑的往往是自己无力改变的事情。无论是战争、经济萧条或是生理疾病，不可能因为你一产生忧虑就自行好转或消除。作为一个普通的人，你是难以左右这些事情的。然而，在大多数情况下，你所担忧的事情往往不如你所想像的那么可怕和严重。

不论什么事情的发生都有其内在的根源，我们何不分析为什么会忧虑，采用威利·卡瑞尔的三种步骤可以解决你生活中各种不同的担忧。

第一步，你要看清事实。

第二步，你要分析事实，找出忧虑的原因。

第三步，分析找到根源之后，你要发现解决问题的办法，做出一个决定，挑出最好的一个办法，然后再按决定行事。

类似的，富兰克林也曾说："烦恼是心智的沉溺。"然而，当我们强迫自己面对最坏的情况，而在精神上接受它之后，我们就能够衡量所有可能的情形，使我们处在一个可以集中精力解决问题的地位。

人生的精彩，在于坚定的信念

克服浮躁心理

在追求成功的道路上，容不得浮躁心态。"三天打鱼，两天晒网""当一天和尚撞一天钟""浅尝辄止"等等都是浮躁的表现。我们要去除浮躁，要踏实、谦虚，戒躁是要求我们遇事沉着、冷静，多分析多思考，然后再行动，不要这山看着那山高，干什么事都干不稳，最后毫无所获。因为成功往往不会一蹴而就，而是饱含着奋斗者的汗水和心血，苦尽才能甘来。

有一座禅院住着老和尚和小和尚师徒两个人。

在炎热的三伏天，禅院的草地枯黄了一大片。"快撒些

第五章 保持一颗平常心

草籽吧，好难看呀！"徒弟说。"等天凉了，"老和尚挥挥手，"随时。"

中秋到了，老和尚买了一大包草籽，叫小和尚去播种。秋风突起，草籽四处飘舞，"不好，许多草籽被吹飞了。"徒弟喊。"没关系，吹去者多半中空，落下来也不会发芽，"老和尚说，"随性。"

刚撒完草籽，几只小鸟就来啄食，"草籽被鸟吃了。"徒弟又急了。"没关系，草籽本来就多准备了，吃不完，"老和尚继续翻着经书，"随遇。"

恰巧半夜一场大雨，小和尚冲进禅房："这下完了，草籽被冲走了。""冲到哪儿，就在哪儿发芽，"老和尚正在打坐，眼皮抬都没抬，"随缘。"

不久，光秃秃的禅院长出青草，就连一些未播种的院角也泛出绿意，望着禅院每个角落泛出的绿意，徒弟高兴得直拍手。老和尚站在禅房前，微笑着点点头："随喜。"

故事中徒弟的心态是浮躁的，常常为事物的表面所左右，而师傅的平常心看似随意，其实却是洞察了世间玄机后的豁然开朗。

人生的精彩，在于坚定的信念

在这个千变万化的世界中，人人都可能有过浮躁的心态，这也许只是一个念头而已。一念之后，人们还是该做什么就做什么，不会迷失了方向。然而，当浮躁使人失去对自我的准备定位，使人随波逐流、盲目行动时，就会对家人、朋友甚至社会带来一定的危害。这种心浮气躁、焦躁不安的情绪状态，往往是各种心理疾病的根源，是成功、幸福和快乐的绊脚石，是人生的大敌。无论是做企业还是做人都不可浮躁，如果一个企业浮躁，往往会导致无节制地扩展或盲目发展，最终会失败；如果一个人浮躁，容易变得焦虑不安或急功近利，最终迷失自我。

有一位年轻人，他对大学毕业之后何去何从感到彷徨，因为他没有考上研究生，不知道自己未来的发展；他的女朋友将去一个人才云集的大公司，很可能会移情别恋……别的同学都主动去联系工作单位，而他成天借酒消愁，无论做什么都充满浮躁、提不起来精神，天天混在宿舍里，无动于衷，甚至天天梦想着时来运转。他还经常和同学争吵，从没有耐心地做好一件事，最后他的同学几乎都找到了自己的工作归属，而他却烦恼丛生。

第五章 保持一颗平常心

于是他去找心理医生。心理医生说:"浮躁!无病呻吟!你曾看过章鱼吧?有一只章鱼,在大海中,本来可以自由自在地游动,寻找食物,欣赏海底世界的景致,享受生命的丰富情趣。但它却找了个珊瑚礁,然后动弹不得,焦躁不安,呐喊着说自己陷入绝境,你觉得如何?"心理医生用故事的方式引导他思考。

心理医生提醒他:"当你陷入烦恼的浮躁反应时,记住你就好比那只章鱼,要松开你的八只手,用它们自由游动。系住章鱼的正是自己的手臂。"

人心很容易被种种烦恼所捆绑。但都是自己把自己关进去的,心态浮躁是自投罗网的结果,就像章鱼,作茧自缚,而从不想着走出来,最后让浮躁毁了自己。

就像文中讲的那样,有些人做事缺少恒心,见异思迁,急功近利,不安分守己,总想投机取巧,成天无所事事,脾气大。面对急剧变化的社会,他们不知所措,对前途毫无信心,心神不宁,焦躁不安,丧失了理智,做事莽撞,缺乏理性,甚至会做出伤天害理、违法乱纪的事情。

一个世纪以来,特别是目前,人们的生活水平提高了,

人生的精彩，在于坚定的信念

度过了那些挨饿的岁月，但人的欲望也在一天天的滋长着。一些刚走出象牙塔的大学生，很着急，急于把花掉的学费尽快挣回来，急于孝敬父母，急于找女朋友，急于结婚、买房、买车，急于出国旅行……但这一切都需要不菲的钱财，因此发大财的心理已牢牢地扎在心底，而不去考虑自己的专业成就、工作成果。

以上这些，都是因为浮躁。再比如阅读，书在眼前像梦境一样凌乱难懂，即使强迫自己看下去，意识也只是在字面上一掠而过，什么也没记住，心思根本不在书上，更别说书之精髓了，书成了人们打发时间的工具。浮躁使你烦躁难耐，兴奋难抑，坏脾气如善斗的公鸡。

人们之所以陷入了浮躁的误区，原因就是失衡的心态在作祟。当自己不如别人，当压力太大、过于繁忙、缺乏信仰、急于成功、过分追求完美等等问题出现，而又不能得到满意的解决时，便会心生浮躁。或者说，浮躁的产生是因为心理状态与现实之间，发生了一种冲突和矛盾。浮躁的基本特征就是急功近利，欲壑难填，形式上就是浮华，思想本质上就是不劳而获。更为严重的是，浮躁就像人生成功路上的毒瘤，而且它们可以互相传染，甚至迅速蔓延，它使在这种特定背景下

第五章　保持一颗平常心

成长的一代人形成了某种可怕的人生观和价值观。

是什么使我们的远大理想化为泡影？是什么使我们的生活杂乱无章？是意识和行为的不能自制。而导致意识和行为不能自制的正是浮躁。被浮躁控制的直接后果便是一无所成。浮躁已在交友、恋爱、婚姻、工作、事业之中潜移默化地影响着我们生活的各个角落。

车水马龙、霓红闪烁、香车美女、别墅洋楼、鱼翅燕窝、鲍鱼熊掌……在这个处处充满诱惑的时代，我们很容易进入浮躁的误区。

做学问也好，办企业也罢，其实不论做什么都来不得半点浮躁。一个人浮躁，结果是个人受损；一个企业浮躁，结果是企业破产。只有静下心来踏踏实实做事，才不会被浮躁所左右。

人生的精彩，在于坚定的信念

把心理压力变成前进的动力

在我们的生存环境里，绝对的保险和安全是没有的，也没有决不失败的计划，没有绝对可靠的设计，没有全无风险的安排。人生决不可能那么完美，人的一生充满压力。但是，每个人对压力的反应各不相同：有些人被压力压垮，有些人则变压力为自己前进的动力，一路辛劳快速地走来，突破了层层障碍，从而最后使自己走上成功。

有一位名不见经传的年轻人，第一次参加马拉松比赛，在比赛的最后，他一马当先，第一个冲过终点，获得了冠军，并且打破了世界纪录。

第五章　保持一颗平常心

然后，记者蜂拥而至，团团围住他，不停地对他提问："你是如何取得这样好的成绩的？"

年轻的冠军喘着粗气说："因为，因为我的身后有一匹狼。"

迎着记者们惊讶和探询的目光，他继续说："三年前，我开始练长跑。训练基地的四周都是崇山峻岭，每天凌晨两三点钟，教练就让我起床，在山岭间训练。可我尽了自己的最大努力，进步却一直不快。

"有一天清晨，我在训练的途中，忽然听见身后传来狼的叫声，开始是零星的几声，似乎还很遥远，但很快就急促起来，而且就在我的身后。我知道是一匹狼盯上了我，我甚至不敢回头，没命地跑着。那天训练，我的成绩好极了。后来教练问我原因，我说我听见了狼的叫声。教练意味深长地说：'原来不是你不行，而是你的身后缺少一匹狼。'后来，我才知道，那天清晨根本就没有狼，我听见的狼叫，是教练装出来的。

"从那以后，每次训练时，我都想像着身后有一匹狼，

于是成绩突飞猛进。今天,当我参加这场比赛时,我依然想像我的身后有一匹狼。所以,我成功了。"

俗话说,没有压力就没有动力。一位伟人也曾说过,平静的水面练不出精悍的水手,安逸的环境选不出优秀的人才。就是这个道理,文中的教练为了有效激发弟子的潜力,不惜屈尊装狼叫。教练的良苦用心可想而知,给弟子一定的压力,让他尽力发挥自己的潜能,从而最后使他脱颖而出。

斯巴昆说:"有许多人一生的伟大,来自他们所经历的大困难。"精良的斧头,锋利的斧刃是从炉火的锻炼与磨削中得来的。很多人,具备"大有作为"的才质,由于一生中没有同逆境搏斗的机会,没有经过困难的磨炼,没有足以刺激起其内在潜伏能力的发动,而终生默默无闻。所以,我们要这样暗示自己:压力并不是我们的仇敌,应该把它当作恩人。因为在压力面前可以锻炼我们"克服逆境"的种种能力。

在竞争越来越激烈、节奏越来越快、压力越来越大的现代社会中,要想生活得轻松自在一些,你应该放松生命的弦,减轻自己的压力,让金钱、地位、成就等追求让位于"普通人的生活"。

世界名著《简·爱》的作者夏洛克·勃朗蒂意味深长

第五章　保持一颗平常心

地说过:"人活着就是为了含辛茹苦。人的一生肯定会有各种各样的压力,于是内心总经受着煎熬,但这才是真实的人生。人无压力轻飘飘,事实上,压力并不是一件坏事,它是成就你辉煌的最雄厚资本。"

人生的精彩，在于坚定的信念

激励自己可以战胜苦难

在现实生活中，人生多舛，人们常常会遇到各种各样的困难。相信谁也不想陷入困难的沼泽里一卧不起，我们来不及哀叹和埋怨，只有杜绝消极情绪，时时激励自己及时地调整自己的精神状态，才能使自己从阴影里走出来。

有一次，孔子去吕梁山观光游览，他看见那里瀑布几十丈高，从山上流下的水花远溅出几里远。在这样湍急的瀑布中，像扬子鳄、甲鱼和鱼类都不能游，更不用说人了。但出人意料的是，孔子却看见一个男人在那里游水。孔子认为他是有痛苦想投水而死，便让学生沿着水流去救他，他却在游了几百

第五章　保持一颗平常心

步之后出来了,披散着头发,唱着歌,在河堤上漫步。

孔子见此情景,就快步走过去问他:"刚才我看到你在那里游,以为你是有痛苦要去寻死,便让我的学生沿着水流来救你。结果你却游出水面,我还以为你是鬼怪呢,请问你到那种深水里去有什么特别的方法吗?"他说:"没有,我没有方法。我起步于原来本质,成长于习性,成功于命运。水回旋,我跟着回旋进入水中;水涌出,我跟着涌出于水面。顺从水的活动,不自作主张。这就是我能游水的缘故。"

孔子听这个人如此回答,便说:"什么叫作起步于原来本质,成长于习性,成功于命运?"那个游水的男子回答:"我出生于陆地,安于陆地,这便是原来本质;从小到大都与水为伴,便安于水,这就是习性;不知道为什么却自然能够这样,这是命运。"

所以,让自己适应水流,而不是让水流适应自己。这不是一种方法,也不是一个技巧,而是一种智慧。大凡失败者,皆因为缺乏这种智慧。

如果你不甘于平庸地度过一生,你一定要激励自己拥有无所畏惧的思想,你绝不能害怕任何事情。只有这样,才

能使你摆脱困境，战胜困难；如果你一直胆小懦弱，如果你容易害羞，那就不妨使自己确信——自己再也不会害怕任何人、任何事，使你昂起头、挺起胸来，你不妨宣称你的男子汉气概或是你的巾帼不让须眉的气概。

有人能处逆境，却未必能处顺境。一个人将用什么样的心态，面对自己所处的环境？这就要看他"忍辱负重"的功夫做得够不够。一个能够忍辱负重的人，他即使面临灭顶之灾，也能重整旗鼓。

在佛经里，"忍辱负重"的意思是很丰富的。挫折、打击固然要忍，成功与欢乐也要忍；逆来受，顺来也要受。但是，所谓"受"，并不是被动的接受认可，而是以积极主动的态度，把境遇转化成超越，让自己从中获得学习成长的机会。一般人受到冤屈挫折，心理上总是愤愤不平。然而，正因为愤恨难消，痛苦煎熬也如影随形、挥之不去。如果借着面对打击来锻炼自己的心性和品格，甚至把打击你的人看成来感化你的菩萨，谢谢他给你锻炼自己、提升自己的机会，心里没有怨恨，自然不会感到痛苦。

要把挫折变成成功的动力，并不是件容易的事。不论何时，都要高悬理想的明灯，树立起坚强的精神支柱，抡起行

第五章 保持一颗平常心

动的巨斧。唯有如此,才能步入成功的殿堂。

也就是说,无论别人如何评价你的能力,无论你面临什么困难,你绝不能怀疑自己能成就一番事业的能力,你绝不能对自己能否成为杰出人物而心存疑虑。星星之火,可以燎原。你要尽可能地增强自己的信心,在很大程度上,运用自我激励的办法可以使你成功地做到这一点。

激励是一种积极的心理暗示,我们不妨每天早上对着镜子说:"我是一个有用的人,我有极高的才能和天分,它使我有健康的身体与坚毅的精神,对他人富有同情心,我具备如此多优点,这就足够了,成功对于我来说,只是时间的问题。今天我一定会有好运,因为清早起来我就感觉非常愉快。"

当你每天早晨醒来时,能够把以上的话重复三遍,那么你一天的精力就会格外充沛。这些话,你不妨在洗脸的时候,对着镜子说三遍;等到进入办公室的时候,再在办公桌前说三遍,并且加上一些身体动作。你越是重复地说这样的话,一股无形的力量便会激发你心底的潜能,使它充满你的全身,这是一种非常奇妙的作用。因为镜中呈现的是自己的具体形象,因此更加感觉出自己的坚强的信心。这时你拥有做事的无限激情和力量,这样在任何困难面前,你都会从容走过。

人生的精彩，在于坚定的信念

放下抱怨

现实生活中，很多人都存在抱怨的心理，当你想逞一时口舌之快时你一定要注意：抱怨像一个沉重的包袱，它只会让你的情绪变得更加愤恨，使你产生消极的行动，最重要的是它还会伤害他人。甚至会毁了你的爱情、友情，还有你的人缘。

海伦说："抱怨只会使心灵阴暗，爱和愉悦则使人生明朗开阔。"在现在这个万花筒般的社会，总有一些人活得不如意，我们可以随处就能找到时常抱怨的人。他们抱怨自己的专业不好，抱怨住处很差，抱怨没有一个好爸爸，抱怨工作差、工资少，抱怨空怀一身绝技而没人赏识。其实，现实

第五章 保持一颗平常心

有太多的不如意,就算生活给我们的是垃圾,也不要抱怨,否则,它将成为我们人生路上的包袱,毫无价值,拖累你前进。细想一下,没有一种生活是完美的,也没有一种生活会让一个人完全满意,我们做不到从不抱怨,但我们应该让自己少一些抱怨,而多一些积极的心理去努力进取。因为如果抱怨成了一个人的习惯,就像搬起石头砸自己的脚,于人无益,于己不利,生活就成了牢笼一般,处处不顺,处处不满,最后成了一个无法卸下的心灵包袱;反之,则会明白,自由地生活着,其实本身就是最大的幸福,哪会有那么多的抱怨呢?

很早以前,有两个人在大海上漂泊,想找一块生存的地方。他们首先到了一座无人的荒岛,岛上虫蛇遍地,处处都潜伏着危机,生存条件十分恶劣。

其中一个人说:"我就在这儿了。这地方虽然现在差一点儿,我要开发它,将来一定会变成一个好地方。"而另一个人却很不满意,心想:这么个荒凉的地方,只有鬼才适应这里的生活呢!于是他继续漂泊,后来他终于找到一座鲜花烂漫的小岛,岛上已有人家,他们是18世纪海盗的后裔,几

代人的辛勤劳作，终于把小岛建成了一座花园。于是，他便留在这里做了小工，生活不好不坏。

过了很多年，一个偶然的机会，他经过那座他曾经放弃的荒岛，于是他决定去拜望老友。

岛上的一切使他怀疑走错了地方：高大的屋舍、整齐的田畴、健壮的青年、活泼的孩子……老友已因劳累、困顿而过早衰老，但精神仍然很好。尤其当说起变荒岛为乐园的经历时，更是神采奕奕。最后老友指着整个岛说："这一切都是我双手干出来的。这儿的人是我的臣民。这是我的岛屿。"

那个人此时不但没有愧疚，而且还抱怨说："为什么上天这么厚爱你，当时你要留我在这岛上，也许会比现在更好。"

有些人常常抱怨命运不公，却不看看自己为理想都做了什么。其实，只要放平心态，拿出行动，你一样也能活得很好，就像下文中的老虎。

有一天，一只威猛强壮的老虎来到了天神面前："我很感谢你赐予我如此雄壮威武的体格，如此强大无比的力气，让我有足够的能力统治这整座森林。"

天神听了，微笑着问："但这不是你今天来找我的目的

第五章　保持一颗平常心

吧？看起来你似乎为了某事而困扰呢！"

老虎轻轻吼叹了一声，说："可不是嘛！天神真是了解我啊！我今天来的确是有事相求。因为尽管我的能力再好，但是每天鸡鸣的时候，我总是会被鸡鸣声给吓醒。神啊！祈求你，再赐给我一个力量，让我不再被鸡鸣声给吓醒吧！"

天神笑道："你去找大象吧，它会给你一个满意的答复的。"

老虎兴冲冲地跑到湖边找大象，还没见到大象，就听到大象跺脚所发出的"砰砰"响声。

老虎加速跑向大象，却看到大象正气呼呼地直跺脚。

老虎问大象："你干吗发这么大的脾气？"

大象拼命摇晃着大耳朵，吼着："有只讨厌的小蚊子，总想钻进我的耳朵里，害得我快痒死了。"

老虎离开了大象，心里暗自想着："原来体形这么巨大的大象，还会怕那么瘦小的蚊子，那我还有什么好抱怨呢？毕竟鸡鸣也不过一天一次，而蚊子却是无时无刻地骚扰着大象。这样想来，我可比它幸运多了。"

人生的精彩，在于坚定的信念

　　在人的一生中，无论我们走得多么顺利，但只要稍微遇上一些不顺的事，就会习惯性地抱怨老天亏待我们，进而祈求老天赐予我们更多的力量，帮助我们渡过难关。但实际上，老天是最公平的，就像它对老虎和大象一样，每个困境都有其存在的正面价值。

　　那些对眼前工作不满意的人也是一样，每一位领导或主管都喜欢提拔那些肯埋头苦干、认真工作的人。假如你工作认真，升迁的机会就可能会轮到你，除非没有机会。假使你自以为大材小用，一肚子委屈牢骚，成天懒懒散散，对工作敷衍了事，那么即使有了机会，也不会轮到你头上。

　　奉劝置身不如意环境中的朋友，放下抱怨的包袱，开始面对现实，把握机会充实自己。一个肯努力上进的人，生活中只有相对的不公平，而不会有绝对的不公平。换句话说，生活在抱怨中的人，犹如在肩上扛了一个沉重的包袱，本来就已经比别人慢半拍了，最后，更会落在别人的后面，甚至最后永远到达不了终点。

第五章　保持一颗平常心

好心态可以改变残酷的现实

　　积极健康的心态还如同一块有力的磁石，会像鲜花吸引蝴蝶一样，把他人吸引到自己身边来。如果你一直展现出积极向上的心态，那你的朋友或者同事也会自然地被你感染，聚集在你的周围。这样，也为你自己的发展提供了一个更广阔的空间，你也一定能从你的工作中受益匪浅。

　　刚刚从大学毕业的亨利·福瑞，在一家印刷公司从事销售工作，这与他当初的理想与目标相距甚远。但他没有消极丧气，他知道自己的目标和现实处境，便满怀热情并全心全意投入到自己的工作中，他把热情与活力带到了公司，传递

给客户，使每一个和他接触的人都能感受他的活力。正因为如此，尽管他才工作了一年，就被破格提升为销售部领导。

如果一个人深信"工作能消除人的辛劳"，努力在各方面以主动、积极热情的态度来做自己的工作，那么，即便是最平凡的工作，也能带给你成就感并增加你的荣誉和物质财富，并且可以磨炼人的人格品质，为你带来友谊和尊敬。有时候成功并不取决于是否比其他人有更多的才华，而取决于以何种心态来面对失败。相信每个人都希望获得成功，那么当你遇到挫折的时候，不要放弃，继续坚持下去，成功就在不远处等着你。这就像著名成功学家拿破仑·希尔说的："把你的心态放在你所想要的东西上，使你的心远离你所不想要的东西。对于有积极心态的人来说，每一种逆境都含有等量或者更大利益的种子，有时，那些似乎是逆境的东西，其实往往隐藏着良机。"

1972年，新加坡的旅游业还很不发达，这个国家很想借发展旅游业来带动本国的经济腾飞，这一下子让旅游局的官员犯了难，于是给总统李光耀打了一份很消极的报告，大意是说，新加坡不像埃及有金字塔，不像中国有长城，不像日本有富士山，不像夏威夷有十几米高的海浪。除了一年四季

第五章　保持一颗平常心

直射的阳光，什么名胜古迹都没有，要发展旅游事业，确实是巧妇难为无米之炊。

李光耀看过报告后，非常气愤。据说，他在报告上批了一行字："你想让上帝给我们多少东西？阳光，有阳光就足够了！"

面对资源短缺的残酷现实，后来，新加坡人民正是利用了那一年四季直射的阳光，种花植草，在很短的时间里，发展成为了世界上著名的"花园城市"，连续多年，旅游收入位列亚洲第三位。人们对此也称为"阳光心态"。

曾有位记者到芝加哥大学访问罗伯特·哈金斯校长，请教他是如何对待生活中的不利因素的。罗伯特的回答是："我一直遵循已故的西尔斯百货公司总裁朱利斯·罗森沃德的建议：'如果你手中只有一个柠檬，那就做杯柠檬汁吧！'"

这正是那位芝加哥大学校长所采取的方法，但一般人却刚好反其道而行之：如果人们发现命运送给他的只是一个柠檬，他会立即放弃，并说："我完了！我的命怎么这么不好！一点机会都没有。"于是他与世界作对，并且陷于自怜之中。如果是一个聪明人得到了一个柠檬，他会说："我可

人生的精彩，在于坚定的信念

以从这次不幸中学到什么？怎样才能改善我目前的处境？怎样把这个柠檬做成柠檬汁呢？"

伟大的心理学家阿德勒穷其一生都在研究人类及其潜能，他曾经宣称他发现人类最不可思议的一种特性——"人具有一种反败为胜的力量。"

一位名叫瑟尔玛·汤普森的女士的经历印证了这句话。

"战时，我丈夫驻防加州沙漠的陆军基地。为了能经常与他相聚，我搬到那附近去住，那里实在是个可憎的地方，我简直没见过比那更糟糕的地方了。我丈夫出外参加演习时，我就只好一个人待在那间小房子里。热得要命——仙人掌树荫下的温度高达华氏125度，没有一个可以谈话的人。风沙很大，所有我吃的、呼吸的都充满了沙子、沙子、沙子！

"我觉得自己倒霉到了极点，觉得自己好可怜，于是我写信给我父母，告诉他们，我要放弃了，准备回家，我一分钟也不能再忍受了，我情愿去坐牢也不想待在这个鬼地方。我父亲的回信只有一句话，这一句话常常萦绕在我心中，并改变了我的一生。这句话就是：'有两个人从铁窗朝外望去，一个看到的是满地的泥泞，另一个却看到满天的繁星。'

第五章　保持一颗平常心

"我把这一句话反复念了好几遍,我觉得自己很丢脸,决定找出自己目前处境的有利之处,我要找寻那一片星空。"

于是,我开始与当地居民交朋友,他们的反应令我心动。当我对他们的编织与陶艺表现出很大的兴趣时,他们会把拒绝卖给游客的心爱之物送给我。我研究各式各样的仙人掌及当地植物。我试着多认识土拨鼠,我观看沙漠的黄昏,找寻300万年前的贝壳化石,原来这片沙漠在300万年前曾是海底。

"是什么带来了这些惊人的改变呢?沙漠这个地方恶劣的环境依旧,并没有发生改变,改变的只是我自己。因为我的态度改变了,正是这种改变使我有了一段精彩的人生经历,我所发现的新天地令我觉得既刺激又兴奋。我着手写一本书——一本小说——我逃出了自筑的牢狱,找到了美丽的星辰。"

所以,要使自己不被残酷的现实所左右,就要怀有积极的好心态,善于挖掘、利用自身的"资源"。虽然有时个体不能改变"环境"的"安排",但谁也无法剥夺其作为"自我主人"的权利。

第六章

冒险与机遇并存

第六章 冒险与机遇并存

冒险是成功的前提

美国杜邦公司创始人亨利·杜邦说过:"危险是什么?危险就是让弱者逃跑的噩梦,危险也是让勇者前进的号角。对于军人来说,冒险是一种最大的美德。"没有冒险者,就没有成功者。冒险是一切成功的前提。冒险越大,成功越大。

每个人都面临着冒险的可能,除非我们永远扎根在一个点上原地不动。然而,当冒险的结果不太令人满意的时候,总有人会说:"还是躺在床上保险。"很多穷人从来不愿去冒险,似乎习惯于"躺在床上"过一辈子。因为他们从来不愿去冒险,不管是在生活中,还是在事业上。但是,当你在

人生的精彩，在于坚定的信念

横穿马路的时候，实际上总是有被车撞到的危险；当你在海里游泳的时候，也同样有着被卷入逆流或激浪的危险。

自有文字记载以来，冒险总是和人类紧紧相连，虽然火山喷发时所产生的大量火山灰掩埋了整个村镇，虽然肆虐的洪水袭卷了家园，但人们仍然愿意回去继续生活，重建家园，飓风、地震、台风、龙卷风、泥石流以及其他所有的自然灾害都无法阻止人类一次又一次勇敢地面对可能重现的危险。事实上，我们总是处在这样那样的冒险境地，"没有冒险的生活是毫无意义的生活"我们必须要横穿马路才能走到马路对面去，我们必须依靠汽车，火车或飞机轮船之类的交通工具才能从一个地方到达另一个地方。但是，这并不意味着冒险都毫无区别，恰当的冒险与愚蠢的冒险有着明显的不同。

如果你想成为一个生意上的冒险者，如果你渴望成功，你就应该分清这两种类型的冒险之间到底有怎么样的区别。有一位功成名就的人这样说过："那种只有在腰间系一根橡皮绳，就从大桥或高楼上纵身跳下的做法是一种愚蠢的冒险，虽然有人喜欢那样做。同样，所谓的钻进圆木桶漂流尼亚加拉大瀑布，所谓的驾驶摩托车飞越并排停放的许多辆汽车，在我看来，这些都是愚蠢的冒险，只有那些鲁莽的人才

第六章　冒险与机遇并存

会干这种事情，尽管我知道很多人不同意我的看法。"

那么，恰当的冒险是什么呢？譬如你走进老板的办公室，要求加薪，这就是一种恰当的冒险。你可能会得到加薪，也可能不会，但没有冒险，就没有收获。放弃稳定的收入，而寻求一种富有挑战性的工作，也是一种恰当的冒险。你也许能找到那样的新工作，也许找不到，你也许后悔离开了原来的职位。但是，如果你安于现状，你永远也不会知道是否可以有一个更好的明天。无论在事业或生活的任何方面，我们都需要恰当的冒险。在冒险之前，我们必须清楚地认识那是一种怎么样的冒险，必须认真权衡得失——时间、金钱、精力以及其他牺牲或让步。如果你总是害怕犯错，那么你的日子就像一潭死水，你永远无法激起波澜，永远无法取得成功。

面对逆境，不但不逃避，反而要鼓起勇气，以策略性的思考超载困难，激励你的上进心，这就是冒险。

松下对丰田汽车的举措便充分说明了冒险才会富有的道理。20世纪70年代丰田应日本贸易市场化的要求，必须与美国等外国汽车短兵相接，面对此竞争逆境，所有的日本工厂被要求减价20%。

当时松下通信工业供应丰田汽车的收音机,因此也接到降价的要求。

于是,松下问其管理人员:"现在每台赚多少呢?"

其管理人员回答说:"大概只赚3%。"

"太少了,3%本身就是个问题,现在又要降价20%,这岂不太糟糕了吗?"

经过再三研究,毫无有效对策。于是大家主张以办不到为由,再跟丰田讨价还价。

然而,松下却认为为什么丰田要这么要求?不配合的话,则会有怎样的不良后果?既然以目前的情形再降20%根本不可能,那么只有另辟蹊径,作根本的改变。

经再三研究,松下做出了以下决定:

性能和外观绝不可改变,在这个原则下,全面变更设计,希望在降价20%之后依然有合理的利润。这样做,可能会有暂时的损失,然而这并非仅仅只是为了丰田,而是为了维持与发展日本工业,大家都要尽力而为。

后来松下公司不但依丰田要求而降价,又借着这次的升

第六章　冒险与机遇并存

级压力，促进其产品的革命与根本的改良，获得更大的合理利润。

松下幸之助的冒险精神给他带来了成功的喜悦。

山多利创办人鸟井信治郎"做做看"的经营理念很有创意。他的口头禅就是："做做看，不做怎么会知道？"由于有这种挑战精神，山多利这几年在制造与贩卖威士忌方面有很多的突破。总之，事在人为，富有人士的胆识体现为行动魄力，同时我们要以不怕失败的挑战精神，面对权威与各种逆境，那么所谓"得道多助"，终会创造出不可能的奇迹。

目前，英国的"劳埃德"保险公司已成为世界保险行业中名气最大、信誉最高、资金最厚、历史最久、赚钱最多的保险公司。它每年承担的保险金额为2670亿美元，保险费收入达60亿美元。其公司一直坚守着"在传统市上争取最新形式的第一名"的信条。现任劳埃德总经理说："敢冒最大的风险，才能赚最多的钱。"事实也是如此，劳埃德公司依靠其开拓创新鲜事物。

1866年，汽车诞生，劳埃德在1909年率先承接了这一形式的保险，在还没有"汽车"这一名词的情况下，劳埃德将

人生的精彩，在于坚定的信念

这一保险项目暂时命名为"陆地航行的船"。劳埃德还首创了太空技术领域保险。例如，由美国航天飞机施放的两颗通讯卫星，1984年曾因脱离轨道而失控，其物主在劳埃德保了1.8亿美元的险。劳埃德眼看要赔偿一笔巨款，就出资550万美元，委托美国"发现号"航天飞机的宇航员，在1984年11月中旬回收了那两颗卫星。经过修理之后，这两颗卫星已在1985年8月被再次送入太空。这样，劳埃德不仅少赔了7000万美元，而且向它的投资者说明：从长远看，卫星保险还是有利可图的。

第六章 冒险与机遇并存

不去冒险是最大的危险

对于一个什么都没有兴趣、热情而安于现状的人来说，冒险是成功的开始，最唯一可以解救他的东西；对于一个小有成就的人来说，冒险会使他的投资获益匪浅。当然我们不能认为冒险就会成功，但敢肯定的是那些连骑马都不敢学的人是没有前途的。

很多人得过且过，自我感觉良好，在他们看来，随波逐流地过一辈子是愉快的事，自我约束是世俗的观点，自我放纵即是自我表现。阻力最小的路线造就了扭曲的人生。鲤鱼跃龙门是逆流而上，所以才能激起千层浪。

人生的精彩，在于坚定的信念

确实，许多人都愿意选择比较简单的方式，过着平静的生活。每当问他们何不过一种更富有更开阔的生活时，他们往往会因自己的这种"修养"而引以为傲，其实是种错误的想法，常人所说的"修养"仅仅是苟且偷安、无所作为，真正的修养是充满生命活力的斗争。

第一次世界大战期间，在一座无人的荒岛上，一位上尉在偷袭对手撤回时受伤了。敌方狙击手和机枪手组成一个交叉火力网，向任何敢于前来营救那受伤不轻的上尉的人挑战。部队司令挑选两名志愿者来担任这项营救伤员的危险使命。司令之所以选中这两个人，是由于其光荣的履历及其在部队长期服役中表现出来的"魔鬼般的斗志"。夜里他们潜行至荒岛上，匍匐前进，在枪林弹雨中救回了他们的上尉。

在一个精锐的军团中能勇于面对挑战，并出色地完成任务是一项特殊荣誉。待在战壕中不会有特别的兴奋，但当你从掩体中探出头来时，你会感觉到足够的刺激。当你昂首于众人之上时，你的日子将不再单调枯燥。

在美国密歇根，每年夏天，青年基金会都会举办夏令营活动，提出的主题便是"迎接挑战，去大胆冒险"。每年参

第六章 冒险与机遇并存

加这个夏令营的男孩和女孩不计其数，年轻的绅士和女士们渴望成为领导者。在特定的时间里，整个夏令营激烈的竞赛活动此起彼伏。在一个接一个的比赛中，这些年轻人都希望成为其中最好的一个。而在另一段时间里，一种思维方式的培训项目同样使他们感到紧张和兴奋——因为这些年轻人将会成为未来的领导者，所以你不难想像，对他们的思维培训是十分有意义和有趣的。

晚上，大家围成一圈，每个小组都表演自己的娱乐节目。每个未来的领导者要学会表现自己的艺术，同时要使自己的同伴感到高兴。他要通过吸引、领导和影响他人等种种方式充分展示自己的个性。而在一个祈祷课程中，就像是在运动场、自习室围圈讨论时一样，这几百个年轻人被吸引着积极表达和讲述他们的自我信仰。这些活动使年轻的营员们意识到生活的各个方面都同样是有趣的，就是："独立自主的我在每时每刻都做最好的我。"他们勇敢地生活，尽量发挥自己的才能。在一个共同项目下，被指引着在一段愉快的时间里接受培训。

  正确的生活方式会使你充实而有后劲，错误的生活方式只会让你空虚，像即将破灭的肥皂泡。你愿意作何选择？

  奋斗者常这样说："生活是伟大而光荣的挑战。"清晨，明媚的阳光照射进来，这时如果你精神抖擞地跳下床，信心百倍地向不利于你的环境挑战，那么你就已走上通往胜利的通途了；你能积极地面对问题，问题就已被解决了一半；如果你渴望更远大的抱负，面对这些困难，那更是不屑一顾了。

  然而如何去做呢？首先，用积极的态度去改变整个生活的复杂性，潜意识中的种种"恐惧"使如此众多的人成了生活的牺牲品，如害怕失去工作、担心疾病和艰难困苦的日子、恐惧等等，但是请记住：勇者并非无惧，而关键在于他战胜恐惧，用积极的态度去挑战恐惧。

  为什么要进行挑战？因为如果你不这样做，就不可能取胜。人们在心底都有种种渴望：要成为某种人，要获得某个地位。但我们常常坐等机会的到来，可机会绝不会惠顾那些守株待兔的人，而只属于那些主动出击的人。

  也许，你正自言自语："说这些话对他来说很轻松，但面对挑战是谈何容易。"

第六章 冒险与机遇并存

　　为何是不可能的？懦夫！"我要向你大脑中的这种想法挑战！我知道它是你致命的敌人。"由于它的存在，你比别人更应该去迎接挑战。抛弃种种理由吧，勇敢的行动会治愈你的软弱。枯燥无味的生活最需要冒险。开始做一些事情！如果有必要的话就打碎一扇窗户！

　　"我向你挑战！让自己的思想更成熟，让行动更果敢，让自己成为一个顶天立地的人。"如果你这样去做了，保证你的生活会更富裕、充实，会更激动人心。一个充满机会的世界将向你展示。在这个世界里，挑战所获得的回报是如此丰富和令人欣慰。科学、宗教、商业、教育……所有这些行业都在呼唤那些勇敢地面对现实、敢于挑战、勇于进取而绝不退缩的人。

　　你要忠诚于自己，你要问自己，你是以何种方式来对待生活的？你是怎样自我评价的？你对自己所肩负的责任与自己的能力是否完全知晓？你对此评价是否感到满意？或者，你是那少数伟大者之一吗？你是一直感到终有一天自己会在领导层中获得属于你的位置吗？是某天将创造出与最好的自我相吻合的那个人吗？如果答案是肯定的，那么你就是一个成功的志愿者，就让今天成为你一直等待的那"某一天"

吧！做一个敢于冒险的人！向自己挑战！世界上没有一件可以完全确定或保证的事。成功的人与失败的人，他们的区别并不在于能力或意见的好坏，而是在于是否相信判断、具有适当冒险与采取行动的勇气。日常生活中，要想生活得有质量，还是需要勇气。原地不动、时常遇到困难的人显得精神紧张，感到束手无策，而且也会带来很多身体上的症状。

针对上述情况，廉·丹佛建议："彻底研究状况，在心里想像你可能采取的各种行动方向，与每一种可能产生的后果。选择一种最可行的方向，然后放手去做。如果我们一直要等到完全确定之后才开始行动，一定成不了大事。每种行动都可能会中途受阻，每个决定也都可能夭折，但是我们千万不可因此而放弃了所要追寻的目标。必须有每天冒险遭遇错误、失败，甚至屈辱的勇气。走错一步永远胜于'原地不动'。你向前走就可以矫正你的方向；若你抛了锚站着不动，你的导引系统是不会牵着你向前走的。"

如果我们满怀信心地去行动，我们就有获得成功的机会。那些拒绝创造生活、拒绝勇敢行动的人，只有在酒杯里寻求勇气，要想成功永远是不可能的。

要有艰苦地得到你所需要之物的意愿，不要将自己廉

第六章 冒险与机遇并存

价出售。美国陆军精神病学顾问阿伯斯说："大部分人不知道自己到底有多么勇敢。事实上，许多人都有隐藏的英雄本色，但他们却缺少自信，而虚度过一生。如果他们知道自己有深藏的资源，就一定能帮助自己解决问题，甚至解决重大的危机。"你已经拥有这些资本，但是必须勇敢付诸行动，使它们有机会发挥功能，你才能体会出你确实拥有它们。

积极培养你敢于冒险的习惯。对任何事情都要怀着勇气，采取大胆的行动，不要等到危机来临时才想成为大英雄。

美国南北战争前，时局动荡不安，各种令人不安的消息不断传来，战争的阴影笼罩着美的大地。人人都在忙着安排自己身边的事，忙着安排家庭、财产。而约翰·洛克菲勒在运用他的全部智慧来思考怎样利用这场战争，怎样从战争里获得附加利益。

战争会使食品和资源缺乏，还会使交通中断，使市场价格急剧波动。洛克菲勒为自己的发现惊呆了，这不是一个金光灿烂的黄金屋吗？走进去，将会是满载而归。那时的克洛菲勒仅有一个资金4000元的经纪公司，而且其中一半的资金属于英国人克拉克。

洛克菲勒对这个问题着了迷,甚至和女友的父亲谈话时,也禁不住发问:"要是发生战争,北方的工业家和南方的大地主,哪个更赚钱?"这句唐突的问话使未来的岳父无言以对,并对他投以轻蔑的目光。

洛克菲勒匆忙回到他的办公室,对伙伴克拉克说:"南北战争就要爆发了,美国就要分成南北两边打起来了。""打起来,打起来又会怎么样呢?"

克拉克一副迷迷糊糊没有睡醒的样子。

洛克菲勒胸有成竹地决定,我们要向银行借很多的钱,要购进南方的棉花、铁矿石、宾州的煤,还有盐、火腿、谷物……克拉克惊诧无比,摊出双手:"你疯了,现在这么不景气!可你居然还想投机。"

洛克菲勒嘲笑克拉克的无知,他说:"明年我们的目标是取得三倍的利润。"他昂着头,冷静而又自信。

在没有任何抵押的情况下,洛克菲勒用他的设想打动了一家银行的总裁汉迪先生,筹到一笔资金。一切都如洛克菲勒预料的那样,第四年他们小小的经纪公司利润已高达17万

第六章 冒险与机遇并存

美元,是预付资金的四倍。在第一笔生意结账后仅仅两周,南北战争爆发了,紧接着,农产品的价格又上升了好几倍。洛克菲勒所有的储备都带来了巨额利润,财富就像滚动的雪球跟随着战争的车轮。等到美国南北战争结束时,洛克菲勒已不再是个小小的谷物经纪人,而是腰缠万贯的富翁,并开始涉足石油工业。洛克菲勒在风险中的决策是他事业的一个转折点,他在后来的经营中,始终记住了这一要诀:"机遇存在于动荡之中。"

一位成功者说:"从来没有一个人是在安全中成就伟业的。"动荡越大,风险越大,机遇给予的成功指数也就愈大。有的人由于怕承担风险,而任凭机遇与自己擦肩而过;有的人则以超人的胆略捕捉了它,从而获得了巨大的成功。

人生的精彩，在于坚定的信念

敢于冒险

在白手起家的富豪们的发迹过程中，勇气扮演什么样的角色？他们中的每个人都很有勇气，因为他们必须冒险，包括承担投资的风险。成功者的特色就是有自己的事业，有创业需要的勇气，因为这些行动是有风险的，冒险是需要勇气的。他们的另外一个特色是除了投资自己的事业，也投资上市公司的股票。每次股市波动，他们都能沉着应对。胆小的投资者，多数时期往往是最后投入，遇到短暂的回档整理，又第一个杀出。

企业高级主管也需要有冒险的勇气，否则不会得到晋升。他们必须冒险才能成功，如果推出的新产品无法达到损

第六章 冒险与机遇并存

益平衡怎么办？相反，如果这产品刷新销售纪录又会怎样？收入愈高的人愈有可能是自行创业者、专业人士、高级主管、专业推销员等。不过，这些工作不一定就保证赚大钱，所以，许多人不敢冒险。他们宁愿领固定薪水，过安定有保障的日子。成功者知道冒险投资是成功致富的必经之路，他们愿意冒险赢得财富。但是，许多人放弃自行创业、投资股市，甚至以佣金为主要收入的念头，就是因为内心害怕。人们总有太多顾虑，往往会担心如果自行创业，没有盈利怎么办？如果没有业务，资本耗尽怎么办？如果亲戚朋友邻居知道生意失败，那怎么办？这种害怕的心理很难克服，所以，很少人自行创业。

失败的风险无处不在，但是富豪们知道如何处理风险，并且控制内心的恐惧。综合几位白手起家的富豪的意见，他们认为领别人的薪水的风险是：只有唯一的收入，没有机会学习如何作决策，必须自行创业才知道如何作决策。

永远没有自己的基本客户，你只是为老板拼命，赚得再多，老板都拿去，自己拿到的毕竟有限。如果你想获得更多财富，就必须有勇气，不怕失败。然而，知难行易，一般人很难自己培养出勇气。今天许多人经济无法独立，是因为

心中有许多障碍。事实上，成功致富只是一种心智游戏。许多百万富豪经常告诉自己发财之后的好处。他们不断提醒自己，想发财就要冒险。除了有助于企业的发展、壮大，勇于尝试风险的另一好处还在于有助于个人成长。有限度地承担风险，无非带来两种结果：成功或失败。如果你获得成功，你可以提升至新领域，显然这是一种成长；就算你失败了，你也很快可以了解为什么做错了，以后避免这么做，这也是一种成长。

事实上，鼓励尝试冒险的社会环境，有助于培养个人不满足于现状、勇于进取的精神，也有助于提高个人对市场变动的敏锐感。一个人往往在冒险并盘算着该做什么的时候成长最快。一位日本专家指出：人类在长期的历史过程中，学到了很多智慧。拥有很多智慧，就能给人以更大冒险的可能性。但是，即使有可能性，也不能断定所有的人都敢于冒险。

如果你想成功，一方面要通过学习和实践不断增长智慧，另一方面还要永远保持冒险精神。在人类社会中，为了发现新的世界，创造新的环境，冒险精神无疑是十分必要的。冒险，并非仅指探索世界上求知的东西。在人类社会中，当你遇到旧的习惯势力或不合理的制度时，你要设法去

第六章　冒险与机遇并存

改革它。而促成这种改革的势头本身就是一种很大程度上的冒险。关心别人所不易注意的问题，以自己独特的思考力和方法去考虑和处理问题，即是冒险的重要因素。

冒险精神将使你青春焕发，充分发挥你的聪明才智，作出巨大贡献。而且，随着智慧的增多，人们更容易产生胆怯。愈聪明，愈不会轻易朝不明确的目标前进。当你总想等一切都调查好之后再尝试时，你就会渐渐失去尝试的勇气。朋友，你们如何发挥自己的冒险精神？又怎样对待别人的冒险精神呢？

如果我们每天的生活总是平平常常、毫无变化，那生活多年与生活一天是一样的。完全的一致就会使得最长的生命也显得短促。

自卑气馁、谨小慎微并不是现代人的品质；举棋不定，也只会使你在当今瞬息万变的社会中被淘汰。同时，良好的判断力才能引导冒险身正确的方向走去，而有了判断力，勇气才能发挥其应有的作用。

1877年，刚满17岁的弗罗曼便在剧院里售票。到1915年，他与乘坐的"路斯塔尼亚"号船一同遇难时，已经被称为"世界娱乐界之王"了。他掌握着世界上几十个大剧院的

命运，使几千个演员得以人尽其才，无论是美国的、英国的，他成了戏剧界无可争议的拿破仑。"

弗罗曼后来之所以能成就一番大的事业，就是因为当时一部本来已经完全失败了的戏，很多人都劝他不要再演了，而他却仍然坚持继续演下去。别人都嘲笑他这是蛮干，但他就是不听从别人的劝告，仍然坚持演下去，他坚信这部戏早晚都会成功。他的成功，正是源自他最初这种独立的见解。

这部戏名叫《孙南多》。该剧因为先前在波士顿公演时失败，所以当时连著名的三大剧院经理都不敢接这部戏，他们都不看好它，不相信它会成功。但是，1889年弗罗曼却把它买过来了。当时，这让他在戏剧界颇有名望的一个朋友感到简直是匪夷所思，说他是发疯了，他的这种行为无疑是把大把大把的钱扔向大海。

但是最终的结果是，他成功了。他用事实证明他是对的，别人错了。公演取得了前所未有的成功，他的判断被证实是正确的。他买下这个剧本，并不是鲁莽的赌博，而是立足于12年的戏剧经验所锻造的判断力而下的慎重的赌注。

第六章 冒险与机遇并存

如果一个人在自己所从事的行业里，不具备独立的思想、独到的见解与果断的行动，以至于不敢与朋友或者上司的见解发生冲突，就很难有出头之日。

要有准确的判断力和勇敢的冒险精神，只有把两者完美结合，才会收获到成功。两者缺一的话，要想取得成功都是很难的。如果弗罗曼只具备冒险精神，而没有准确的判断力，那只能说是鲁莽，而单单靠鲁莽是不能取得成功的。如果他有良好的判断力，但却不肯去冒险，不敢承担风险与后果，那么他的成功也多是想象中的。

太平洋汽船公司的总经理海涅斯就讲述过一个证明人即使有不错的判断力，但是不敢去实行，归根到底也徒劳的一个例子。他说："几年前我去谈一笔生意，是在一个大公司总经理的办公室里。在商谈过程中，他的一个助理研究员给他送来了一个研究报告，这个报告是这个总经理示意去做的。这是我见过的最好的调研报告，简直堪称为一项奇迹，真是令人惊叹。那个助理研究员能把一个很复杂的问题，异常精确地分析出来。他设计了多种方案，并预计了每一种方案的施行所可能产生的结果。整个情况就好比玻璃一样清晰

人生的精彩，在于坚定的信念

透明。我不禁发出由衷的赞叹。"

"'很让人吃惊，是吗？'我的朋友微笑着说，'这个人的脑筋要比我好上两倍。他差不多能分析任何问题并提出很好的解决方案。并且，他很文雅，受过良好的教育，人也很可爱，这让他广结人缘。但是，他只能做我的助理而已。'"

"'这是什么原因呢？'我很惊讶。"

"因为他没有决断的能力。他能告诉我有六条路去做某某事情，并且把每条路所可能产生的结果告诉我。但是，当我真正让他自己去决定走哪条路好，他却做不到。"

海涅斯的话没错。一个能够看出六条不同的路，但却没有勇气去对任何一条路进行抉择的人，那他也就没有什么大的成功而言。

所有的人，或多或少都具有与生俱来的冒险特质。冒险可以只是做一点异乎寻常、有些危险的事，如到具有神秘感的国家去度假。人生不如意之事十之八九，平时刻意让自己去应付一些难题，可以让你预习如何面对突发状况。如果你从不冒险，你的一生将会失去许多惊喜。

第六章 冒险与机遇并存

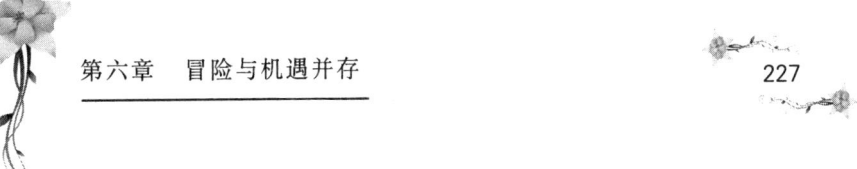

平平淡淡的生活总是让人觉得乏味,偶尔不按牌理出牌,正可为生活增添新意。今天,许多人会对如下的事情表示惊讶。

为什么有的人在公司的某项计划失败或取消、承办人员把财力耗尽的时候,还能保持镇定?原来,在此之前,他遇到过一次比这更大的险境,当前的情况与之相比实在微不足道。从那次冒险中他也领悟到:一项计划失败或许会损伤财力,但不至于让自己一无所有。

必须承认,在人的一生中,经常会冒出逃避的念头,觉得自己已有了份稳定的工作,只要考虑自己分内的事就可以了。但是,冒点险,出点新奇的点子,自己还是会受益良多的。

有一个朋友有个点子,要把一些老字号的旧产品加以更新。有几家大公司愿意把某些不是销售得很好的产品卖给他们,他们把它们买下,重新包装,小心保留原来的商标在明显的位置,搭配耀眼的广告,以及货品目录——开始进军市场。他们新鲜的点子激发多家公司买主的兴趣,在不好卖可以退货的承诺下,订户与他们签下不少的订单,这使他们开张大吉。于是他们想,这回该稳赚了吧。他们再一次与他们

往来的银行职员握手,保证一旦他们开新车、住豪宅时,决不会忘了他。看着一货柜的产品运向自己的客户,那种感觉真是愉快。不过,看着同一货柜又回到原来的起运点,可也真是不好受。特别是当银行经理也在一旁目睹这般惨状的时候,那更是加倍的难过。不过结果就是这么回事,那些冒险的经验可以给你很多启发。在生意场上,失败的人永远比成功的人多。所以,究竟如何尝试新的冒险计划,而且一旦失败是否还能维持生活,这些都是应该深思的问题。

喜欢拿自己的时间、金钱、事业来冒险的人很快会学到,深思熟虑的冒险与鲁莽行事之间有很大的差别,后者只会给他们带来失败。

有一个年轻人,想要自己开一家汽车经纪公司。他知道本身缺乏经验,所以他在一个汽车大经销商那儿找了一份工作。他不仅不用花自己的钱学经验,所犯的错误还可由雇主来承担。他很快就摸熟了这一行的窍门,不必像自学自通的人,得摸索个老半天还无法出师。

三年后这个年轻人离开了那家公司,口袋里装满了抵押借据与贷款,开始他自己小小的中古车买卖事业。两年之

第六章 冒险与机遇并存

内,他就成为一家很大的汽车制造商的指定代理,从此一路风发。他曾经告诉我,他的第一个工作不仅提供学习经验的机会,也让他确信早年所梦想的事业真的适合他自己。这一点是许多人没能事先发觉,以至于待在一个他们其实并不喜欢的事业上,痛苦多年又白浪费了好多钱。

能冒险尝试与不被失败击倒的最重要条件是坚持到底。如果你是那种轻言放弃的人,要小心。新事业很少能一帆风顺的,你需要有很大的"打死不从"的精神,来度过工作上那段手气不顺的日子。

著名哲学家克尔恺郭尔说过:"冒险就要担忧发愁,但是,不冒险自己就会失落。"稳扎稳打,步步为营固然不错,但是求稳也不能失进取,事实证明,在做事情的过程中,特别是在开拓创新的过程中,冒一些险是值得的。

当今社会是一个充满机遇和挑战的社会,更是风险与机遇并存的社会。一个人要想在激烈竞争的社会求得生存就必须有冒险的精神,只有敢于探索、敢于尝试的人,才更容易取得事业上的成功。